水利工程标准化管理评价指南

（水闸篇）

中国水利工程协会　主编

黄河水利出版社

图书在版编目（CIP）数据

水利工程标准化管理评价指南. 水闸篇/中国水利工程协会主编. —郑州：黄河水利出版社，2024.1

ISBN 978-7-5509-3806-9

Ⅰ. ①水…　Ⅱ. ①中…　Ⅲ. ①水闸-水利工程管理-标准化-中国-指南　Ⅳ. ①TV6-65

中国国家版本馆 CIP 数据核字（2024）第 009928 号

策划编辑：岳晓娟　电话：0371-66020903　QQ：2250150882

责任编辑　赵红菲　　责任校对　王单飞

封面设计　张心怡　　责任监制　常红昕

出版发行　黄河水利出版社

地址：河南省郑州市顺河路 49 号　邮政编码：450003

网址：www.yrcp.com　E-mail：hhslcbs@126.com

发行部电话：0371-66020550

承印单位　河南匠心印刷有限公司

开　　本　787 mm×1 092 mm　1/16

印　　张　12.25

字　　数　283 千字

版次印次　2024 年 1 月第 1 版　　2024 年 1 月第 1 次印刷

定　　价　92.00 元

《水利工程标准化管理评价指南》

编委会

主任委员：赵存厚

委　　员：董红元　张喜泉　喻君杰　赵法元

《水利工程标准化管理评价指南（水闸篇）》

编写组

主　　编：董红元

副 主 编：郭　宁　刘思远

编写人员：肖　峰　高杏根　康　乐　钱邦永　周灿华

匡　正　华　骏　钱利华　叶建琴　朱承明

傅　华　刘媛媛　肖　璐　王文超

前　言

水利工程标准化管理是贯彻党中央、国务院决策部署，落实新阶段水利高质量发展目标任务，确保工程运行安全和效益持续发挥，不断提高水利工程运行管理水平的重要举措。

2022年3月，《水利部关于印发〈关于推进水利工程标准化管理的指导意见〉〈水利工程标准化管理评价办法〉及其评价标准的通知》（水运管〔2022〕130号），提出了推进标准化管理的指导思想和总体目标，明确了标准化管理要求和主要工作内容，规定了标准化评价程序和标准。为指导水利工程标准化管理工作的有效开展，有针对性地帮助各级管理单位深入领会水利部水利工程标准化管理的相关文件精神，根据《水利部办公厅关于切实做好水利工程标准化管理有关工作的通知》（办运管〔2022〕129号）要求，组织编写了《水利工程标准化管理评价指南（水闸篇）》。

本指南作为水闸工程标准化管理评价工作的行业指导性书籍，共分七章及附录，分别是水利工程标准化管理、工程状况、安全管理、运行管护、管理保障、信息化建设、标准化管理创建和评价等。

第一章主要阐述了标准化管理的工作背景、指导意见和评价要求。第二章至第六章按照标准化管理评价标准中的类别与项目分别论述了“标准化基本要求”“评价内容及要求”“工作要点”“评价要点”。“标准化基本要求”为省级水行政主管部门和流域管理机构制定本地区（单位）的标准化评价标准时的最低要求；“评价内容及要求”为水利部评价标准中的有关内容，申报水利部标准化评价的工程需按此内容开展创建和评价工作；“工作要点”是指水利工程管理单位及其主管部门在创建过程中的主要工作内容；“评价要点”为水利部评价赋分提供参考。第七章给出了标准化管理创建和评价工作等内容。附录提供了相关法律法规、规章制度和技术标准名录，大中型水闸工程标准化管理评价标准，水利工程标准化管理工作手册示范文本编制要点（水闸工程），以及评价申报材料等相关格式示例。

本指南通过对《关于推进水利工程标准化管理的指导意见》《水利工程标准化管理评价办法》的深入解读，全面阐述了我国水闸工程标准化管理要求、工作要点和评价要点，提供了申请评价所需的成果资料参考示例，旨在强化广大水利工程管理单位和管理人员的标准化管理责任意识，切实规范管理行为，提高管理效能，为水利工程管理单位推进标准化管理提供工作指引和业务指导。

本指南由水利部运行管理司指导，中国水利工程协会主编，江苏省水利厅、江苏省江都水利工程管理处编写。孙继昌、任玲、陈万军、董蕴辉、冯茂文等专家对本指南提出了宝贵的修改意见，在此表示感谢！

本指南中如有疏漏和不当之处，敬请指正。

编　者

2023 年 11 月

目 录

第一章

水利工程标准化管理

第一章　水利工程标准化管理

新阶段水利工作的主题为推动高质量发展，统筹发展和安全，落实新阶段水利高质量发展的目标任务与实施路径，要求强化水利体制机制法治管理，健全水利工程安全保护制度，推进水利工程管理信息化智慧化，确保水利工程运行安全和效益持续发挥。立足新发展阶段、贯彻新发展理念、构建新发展格局，加快推进水利工程标准化管理，有效改变水利工程粗放的管理模式，是推动新阶段水利高质量发展、保障水利工程安全的必然要求。

相比工程建设的一次性，工程运行管理具有长期性、持续性的特点。维持工程完整，保持工程设计功能，不断改善工程面貌，确保工程安全运用，充分发挥工程综合效益，不断提高现代化水平，这是水利工程管理单位（简称水管单位）的基本任务。因此，水管单位要落实管理主体责任，执行水利工程运行管理制度和标准，充分利用信息平台和管理工具，规范管理行为，提高管理能力，从工程状况、安全管理、运行管护、管理保障和信息化建设等方面，实现水利工程全过程标准化管理。

第一节　标准化管理工作背景

什么是标准化？国家标准《标准化工作指南　第 1 部分：标准化和相关活动的通用术语》（GB/T 20000. 1—2014）对“标准化”的定义为：为了在既定范围内获得最佳秩序，促进共同效益，对现实问题或潜在问题确立共同使用和重复使用的条款以及编制、发布和应用文件的活动。因此，标准化是一个有目的、有组织的活动过程，即指在社会实践中，为了在一定范围内对某一重复性的事物（对象）获得最佳秩序，制定共同使用和重复使用的条款的活动，以获得最佳秩序和社会效益。标准化包括标准的制定、发布及实施标准的过程。

标准化管理的内涵：使各种生产活动按照指定的标准化要求落实在实践中的行为。标准化管理是人或组织的一种行为，被规矩约束的活动。标准化管理可以将复杂的问题程序化、模糊的问题具体化、分散的问题集成化、成功的方法重复化，实现各阶段工作的有机衔接，整体提高管理水平，是一个行业针对一项长期性工作提高绩效的重要抓手之一。

2021 年 10 月，中共中央、国务院印发了《国家标准化发展纲要》，这是中华人民共和国成立以来第一部以中共中央、国务院名义颁发的标准化纲领性文件，在我国标准化事业发展史上具有重大里程碑意义。《国家标准化发展纲要》指出：“标准是经济活动和社会发展的技术支撑，是国家基础性制度的重要方面。标准化在推进国家治理体系和治理能力现代化中发挥着基础性、引领性作用。”

党的十九届五中全会明确提出，“十四五”时期经济社会发展要以推动高质量发展为主题。在2021年6月28日水利部召开的“三对标、一规划”专项行动总结大会上，水利部党组书记、部长李国英指出，新阶段水利工作的主题为推动高质量发展，明确了新阶段水利高质量发展的目标任务和实施路径，要求健全水利工程安全保护制度，确保水利工程安全。

我国已建成大量的水库、堤防、水闸、泵站等水利工程，这些工程在发挥巨大的防洪排涝、供水灌溉、改善生态、发电养殖、交通旅游等效益的同时，运行管理方面存在亟待解决的问题。水利工程病险动态发生，部分存量病险工程尚未实施除险加固，工程安全隐患依然较多；水管单位技术力量薄弱、管护经费不足，运行管理水平相对落后；工程信息化、智慧化管理水平较低，运行管理手段落后。这些问题与中国式现代化水利高质量发展不相适应，必须加强水利工程运行管理，及时消除安全隐患，守住安全底线，同时着力提升运行管理能力和水平，努力提高管理规范化、智慧化、标准化。

水利工程标准化管理，就是以保障水利工程安全运行为底线，以提升工程管理水平高质量发展为目标，结合工程管理实际，加强顶层设计，针对工程实体安全、行业法规要求、日常管护业务、体制机制保障等各项管理工作，制定规则标准，通过各级部门协调实施，以规范运行管理和维修养护为方式，以管理保障和信息化建设为手段，指导并监管工程创建标准化管理工作，明确绩效评价办法和奖惩机制，形成一套系统的、完整的水利工程标准化管理体系，促进水利工程功能拓展和效益发挥，实现高质量发展。

近年来，浙江、江苏、江西、山东、安徽等省，黄河水利委员会、淮河水利委员会等流域管理机构，结合管理实际，积极探索水利工程标准化管理，在保障工程安全、增强管理能力、提高管理水平方面，取得了明显工作成效。同时，在加强顶层设计、分类指导实施、完善标准体系、强化绩效考评等方面形成一批可借鉴的有效做法，在全行业推行水利工程标准化管理的条件已经具备，时机已经成熟。

2021年初，水利部研究部署水利工程标准化管理工作，先后组织赴黄河水利委员会及浙江、江西等地开展水利工程标准化管理调研，结合水利工程安全运行专项督查发现的问题，分析总结水利工程标准化管理的经验、做法和存在问题，研究推进标准化管理的对策措施，起草了《关于推进水利工程标准化管理的指导意见》（简称《指导意见》）、《水利工程标准化管理评价办法》（简称《评价办法》）。在2021年10月水利部召开的水利工程运行管理标准化现场交流会上讨论并征求意见，形成《指导意见》《评价办法》送审稿，2021年12月通过合法性审核和社会稳定风险评估。《指导意见》《评价办法》经水利部部务会议审议通过，于2022年3月正式印发（见图1.1-1），其中包括大中型水库、大中型水闸和3级以上堤防等3类工程标准化管理评价标准。

《指导意见》提出了推进标准化管理的指导思想和总体目标，明确了工程状况、安全管理、运行管护、管理保障和信息化建设等5个方面的标准化管理要求，确定了制定标准化管理工作实施方案、建立工程运行管理标准体系、推进标准化管理的实施和做好标准化管理评价等4个方面的主要工作内容，提出了加强组织领导、落实资金保障、推进智慧水利、强化激励措施和严格监督检查等5个方面的保障措施。

《评价办法》对标准化评价的适用范围、评价主体、评价标准和水利部评价条件、程序及相关要求做出规定。

水库、水闸、堤防等3类工程标准化管理评价标准，对应工程状况、安全管理、运行管护、管理保障和信息化建设等5个方面，分别制定了标准化基本要求和水利部评价标准，规定了评价内容及要求、评价指标和赋分原则。

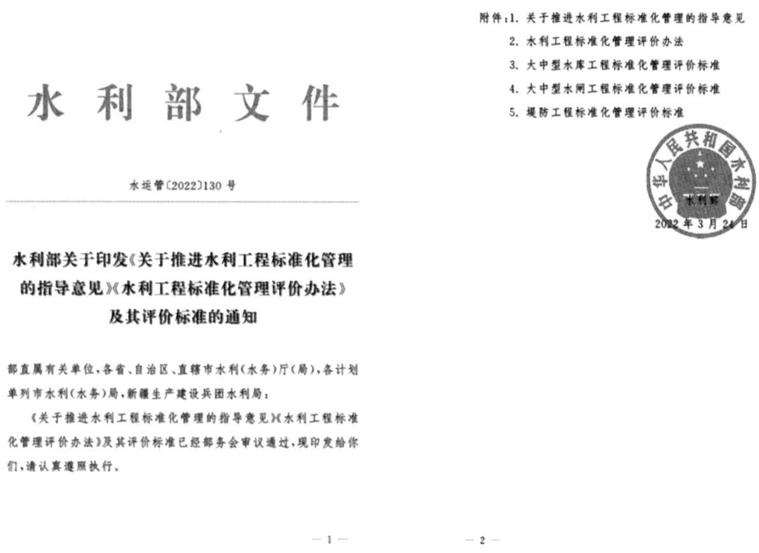

水 利 部 文 件

水运管〔2022〕130 号

水利部关于印发《关于推进水利工程标准化管理的指导意见》《水利工程标准化管理评价办法》及其评价标准的通知

部直属有关单位，各省、自治区、直辖市水利（水务）厅（局），各计划单列市水利（水务）局，新疆生产建设兵团水利局：

《关于推进水利工程标准化管理的指导意见》《水利工程标准化管理评价办法》及其评价标准已经部务会审议通过，现印发给你们，请认真遵照执行。

— 1 —

附件：1. 关于推进水利工程标准化管理的指导意见
2. 水利工程标准化管理评价办法
3. 大中型水库工程标准化管理评价标准
4. 大中型水闸工程标准化管理评价标准
5. 堤防工程标准化管理评价标准

中华人民共和国水利部

2022 年 3 月 24 日

— 2 —

图 1.1-1　水运管〔2022〕130 号文

第二节　标准化管理指导意见

一、指导思想和总体目标

（一）指导思想

以习近平新时代中国特色社会主义思想为指导，深入贯彻落实“节水优先、空间均衡、系统治理、两手发力”治水思路，坚持人民至上、生命至上，统筹发展和安全，立足新发展阶段、贯彻新发展理念、构建新发展格局，推动高质量发展，强化水利体制机制法治管理，推进工程管理信息化智慧化，构建推动水利高质量发展的工程运行标准化管理体系，因地制宜，循序渐进，推进水利工程标准化管理，保障水利工程运行安全，保证工程效益充分发挥。

（二）总体目标

“十四五”期间，强化工程安全管理，消除重大安全隐患，落实管理责任，完善管理制度，提升管理能力，建立健全运行管理长效机制，全面推进水利工程标准化管理。

2022年底前，省级水行政主管部门和流域管理机构建立起水利工程标准化管理制度标准体系，全面启动标准化管理工作；2025年底前，除尚未实施除险加固的病险工程外，大中型水库全面实现标准化管理，大中型水闸、泵站、灌区、调水工程和3级以上堤防等基本实现标准化管理；2030年底前，大中小型水利工程全面实现标准化管理。

二、标准化管理要求

水管单位要落实管理主体责任，执行水利工程运行管理制度和标准，充分利用信息平台和管理工具，规范管理行为，提高管理能力，从工程状况、安全管理、运行管护、管理保障和信息化建设等方面，实现水利工程全过程标准化管理。

（一）工程状况

工程现状达到设计标准，无安全隐患；主要建筑物和配套设施运行性态正常，运行参数满足现行规范要求；金属结构与机电设备运行正常、安全可靠；监测监控设施设置合理、完好有效，满足掌握工程安全状况需要；工程外观完好，管理范围环境整洁，标识标牌规范醒目。

（二）安全管理

工程按规定注册登记，信息完善准确、更新及时；按规定开展安全鉴定，及时落实处理措施；工程管理与保护范围划定并公告，重要边界界桩齐全明显，无违章建筑和危害工程安全活动；安全管理责任制落实，岗位职责分工明确；防汛组织体系健全，应急预案完善可行，防汛物料管理规范，工程安全度汛措施落实。

（三）运行管护

工程巡视检查、监测监控、操作运用、维修养护和生物防治等管护工作制度齐全、行为规范、记录完整，关键制度、操作规程上墙明示；及时排查、治理工程隐患，实行台账闭环管理；调度运用规程和方案（计划）按程序报批并严格遵照实施。

（四）管理保障

管理体制顺畅，工程产权明晰，管理主体责任落实；人员经费、维修养护经费落实到位，使用管理规范；岗位设置合理，人员职责明确且具备履职能力；规章制度满足管理需要并不断完善，内容完整、要求明确、执行严格；办公场所设施设备完善，档案资料管理有序；精神文明和水文化建设同步推进。

（五）信息化建设

建立工程管理信息化平台，工程基础信息、监测监控信息、管理信息等数据完整、更新及时，与各级平台实现信息融合共享、互联互通；整合接入雨水情、安全监测监控等工程信息，实现在线监管和自动化控制，应用智能巡查设备，提升险情自动识别、评估、预警能力；网络安全与数据保护制度健全，防护措施完善。

三、主要工作内容

（一）制定标准化管理工作实施方案

省级水行政主管部门和流域管理机构要加强顶层设计，按照因地制宜、循序渐进的工作思路，制定本地区（单位）水利工程标准化管理工作实施方案，明确目标任务、实施计划和工作要求，落实保障措施，有计划、分步骤组织实施，统筹推进水利工程标准化管理工作。

（二）建立工程运行管理标准体系

省级水行政主管部门和流域管理机构要依据国家和水利部颁布的相关管理制度和技术标准规范，结合工程运行管理实际，梳理工程状况、安全管理、运行管护、管理保障和信息化建设等方面的管理事项，制定标准化管理制度，按照工程类别编制标准化工作手册示范文本，构建本地区（单位）工程运行管理标准体系，指导水管单位开展标准化管理。以县域为单元，深化管理体制改革，健全长效运行管护机制，全面推进小型水库标准化管理，积极探索农村人饮工程标准化管理。

（三）推进标准化管理的实施

水管单位要根据省级水行政主管部门或流域管理机构制定的标准化工作手册示范文本，编制所辖工程的标准化工作手册，针对工程特点，理清管理事项、确定管理标准、规范管理程序、科学定岗定员、建立激励机制、严格考核评价。

全面推进标准化管理，按规定及时开展工程安全鉴定，深入开展隐患排查治理，加快病险工程除险加固，加强工程度汛和安全生产管理，保障工程实体安全；规范工程巡视检查、监测监控、操作运用、维修养护和生物防治等活动；划定工程管理与保护范围，加强环境整治；健全并严格落实运行管理各项制度，切实强化人员、经费保障，改善办公条件；加强数字化、网络化、智能化应用，不断提升在线监管、自动化控制和预警预报水平，落实网络安全管理责任。

（四）做好标准化管理评价

水利部制定《水利工程标准化管理评价办法》，明确标准化基本要求和水利部评价标准。省级水行政主管部门和流域管理机构要结合实际，制定本地区（单位）的标准化评价细则及其评价标准，评价内容及其标准应满足水利部确定的标准化基本要求，建立标准化管理常态化评价机制，深入组织开展标准化评价工作。评价结果达到省级或流域管理机构评价标准的，认定为省级或流域管理机构标准化管理工程。通过省级或流域管理机构标准化评价且满足水利部评价条件的，可申请水利部评价。通过水利部评价的，认定为水利部标准化管理工程。

四、保障措施

（一）加强组织领导

省级水行政主管部门要加快出台推进水利工程标准化管理的意见（方案），将标准化工作纳入河湖长制考核范围，建立政府主导、部门协作、自上而下的推进机制。选择管理水平较高、基础条件较好的工程或地区先行先试，积累经验、逐步推广。创新工程管护机制，大力推行专业化管护模式，不断提高工程管护能力和水平。流域管理机构要加强流域内水利工程标准化管理的监督指导和评价。

（二）落实资金保障

省级水行政主管部门要落实好《水利工程管理体制改革实施意见》（国办发〔2002〕45号）、《关于切实加强水库除险加固和运行管护工作的通知》（国办发〔2021〕8号）

文件的要求，积极与相关部门沟通协调，多渠道筹措运行管护资金，推进水利工程标准化管理建设。

（三）推进智慧水利

省级水行政主管部门和流域管理机构要按照智慧水利建设总体布局，统筹已有应用系统，补充自动化监测监控预警设施，完善信息化网络平台，推进水利工程智能化改造和数字孪生工程建设，提升水利工程安全监控和智能化管理水平。

（四）强化激励措施

地方各级水行政主管部门和流域管理机构要将标准化建设成果作为单位及个人的业绩考核、职称评定等重要依据，对标准化管理取得显著成效的，在相关资金安排上予以优先考虑。中国水利工程优质（大禹）奖评选把水利工程标准化建设成果作为运行可靠方面评审的重要参考。

（五）严格监督检查

各级水行政主管部门和流域管理机构要把标准化管理工作纳入水利工程监督范围，加强监督检查，按年度发布标准化管理建设进展情况，对工作推进缓慢、问题整改不力、成果弄虚作假的，严肃追责问责。加强对标准化评价工作的监督检查，规范操作程序，保障公开、公正、透明，杜绝各种违规违法行为。

第三节　标准化管理评价要求

一、标准化管理评价办法

（一）评价范围

（1）水利工程标准化管理评价是按照评价标准对工程标准化管理建设成效的全面评价，主要包括工程状况、安全管理、运行管护、管理保障和信息化建设等方面。

（2）适用于已建成运行的大中型水库、水闸、泵站、灌区、调水工程以及 3 级以上堤防等工程的标准化管理评价工作。其他水库、水闸、堤防、泵站、灌区和调水工程参照执行。

（二）评价组织

（1）水利部负责指导全国水利工程标准化管理和评价，组织开展水利部评价工作。流域管理机构负责指导流域内水利工程标准化管理和评价，组织开展所属工程的标准化评价工作，受水利部委托承担水利部评价的具体工作。省级水行政主管部门负责本行政区域内所管辖水利工程标准化管理和评价工作。

（2）标准化管理评价按水库、水闸、堤防等工程类别，分别执行相应的评价标准。

（3）省级水行政主管部门和流域管理机构应按照水利部确定的标准化基本要求，制定本地区（单位）水利工程标准化管理评价细则及其评价标准，评价认定省级或流域管理机构标准化管理工程。

（三）申报评价

1. 申报条件

水利部评价按照水利部评价标准执行，申报水利部评价的工程，需具备以下条件：

（1）工程（包括新建、除险加固、更新改造等）通过竣工验收或完工验收投入运行，工程运行正常。

（2）水库、水闸工程按照《水库大坝注册登记办法》和《水闸注册登记管理办法》的要求进行注册登记。

（3）水库、水闸工程按照《水库大坝安全鉴定办法》和《水闸安全鉴定管理办法》的要求进行安全鉴定，鉴定结果达到一类标准或完成除险加固，堤防工程达到设计标准。

（4）水库工程的调度规程和大坝安全管理应急预案经相关单位批准。

（5）工程管理范围和保护范围已划定。

（6）已通过省级或流域管理机构标准化评价。

2. 评价标准

水利部评价实行千分制评分。通过水利部评价的工程，评价结果总分应达到920分（含）以上，且主要类别评价得分不低于该类别总分的85%。

3. 申报和初评

省级水行政主管部门负责本行政区域内所管辖水利工程申报水利部评价的初评、申报工作。流域管理机构负责所属工程申报水利部评价的初评、申报工作。部直管工程由水管单位初评后，直接申报水利部评价。

4. 水利部评价

申报水利部评价的工程，由水利部按照工程所在流域委托相应流域管理机构组织评价。流域管理机构所属工程，由水利部或其委托的单位组织评价。

（四）认定

通过水利部评价的工程，认定为水利部标准化管理工程，进行通报。

（五）复审与抽查

（1）通过水利部评价的工程，由水利部委托流域管理机构每五年组织一次复评，水利部进行不定期抽查；流域管理机构所属工程由水利部或其委托的单位组织复评。对复评或抽查结果，水利部予以通报。

（2）省级水行政主管部门和流域管理机构应在工程复评上一年度向水利部提交复评申请。

（3）通过水利部评价的工程，凡出现以下情况之一的，予以取消：

①未按期开展复评。

②未通过复评或抽查。

③工程安全鉴定为三类及以下（不可抗力造成的险情除外），且未完成除险加固。

④发生较大及以上生产安全事故。

⑤监督检查发现存在严重运行管理问题。

⑥发生其他造成社会不良影响的重大事件。

二、标准化管理评价与水利工程管理考核的区别

《评价办法》是在《水利工程管理考核办法》的基础上，根据标准化管理的新要求修订形成的，文件印发后，以水利工程标准化管理评价替代水利工程管理考核工作。主要有以下变化：

（1）评价对象由水管单位改为水利工程。主要考虑到随着水管体制改革和机构改革的推进，各地集中管理逐步成为改革的趋势和方向，由一个水管单位管理多个水利工程的现象普遍存在，而诸多工程因类别、规模、功能、效益等各类因素影响，管理水平不尽相同，管理单位整体达标难度大，示范带动作用受到影响。因此，《评价办法》，将评价对象调整为水利工程。申请水利工程标准化管理评价的主体为该工程的管理单位，即水管单位可根据实际对所管辖的某个或某几个工程申报标准化管理评价。

（2）评价内容突出了工程安全和信息化管理。标准化管理把保障工程安全作为首要任务，突出强化了工程实体安全和运行管护工作；并对运行管理全过程标准化提出明确要求，将管理标准细化到每项管理事项、每个管理程序，落实到每个工作岗位。同时，为适应水利高质量发展的新形势新要求，按照水利部加强智慧水利建设的总体部署，明确了信息化建设的具体要求，增加了赋分权重。

（3）评价标准充分考虑了水利部总体要求和地方具体管理的实际。水利部明确了标准化基本要求和水利部评价标准。省级水行政主管部门、流域管理机构可结合实际，制定本地区（单位）的评价标准，这个标准应满足水利部明确的基本要求。评价结果达到省级或流域管理机构评价标准的，认定为省级或流域管理机构标准化管理工程。通过省级或流域管理机构标准化评价且满足水利部评价条件的，可申请水利部评价。通过水利部评价的，认定为水利部标准化管理工程。

（4）强化了流域管理机构的作用。为贯彻落实《水利部关于强化流域治理管理的指导意见》（水办〔2022〕1号）精神，发挥流域管理机构组织推进流域内标准化管理工作的作用，《评价办法》明确流域管理机构负责指导流域内水利工程标准化管理和评价，受水利部委托承担水利部评价的具体工作。申报水利部评价的工程，由水利部按照工程所在流域委托相应流域管理机构组织评价。

（5）考虑了标准化管理评价和工程管理考核的衔接。《指导意见》《评价办法》印发前，全国有165家水管单位通过水利部水利工程管理考核验收。已通过水利部验收的水管单位，在《指导意见》《评价办法》印发后继续有效，待达到新一轮复核年限时，按照《评价办法》重新申报水利部标准化管理工程评价认定。

第二章

工程状况

第二章　工程状况

水闸工程标准化管理工程状况方面主要包括工程面貌与环境、闸室、闸门、启闭机及机电设备、上下游河道和堤防、管理设施和标识标牌等内容。

第一节　工程面貌与环境

标准化基本要求：工程整体完好；工程管理范围整洁有序；工程管理范围绿化、水土保持良好。

一、评价内容及要求

工程整体完好、外观整洁，工程管理范围整洁有序；工程管理范围绿化程度较高，水土保持良好，水质和水生态环境良好。

二、工作要点

（1）建筑物结构稳定，设备设施完好，使用正常。

（2）工程表面总体完好，无明显破损、裂缝、渗漏等缺陷；工作场所干净整洁，无积尘、污渍、蜘蛛网等，控制室、值班室、启闭机房、设备间等无与运行无关的物品。

（3）管理范围内各类建筑物及附属设施布局合理，工程管理区、办公服务区、后勤生活区、文体活动区等管理规范。

（4）管理范围内绿化程度高，环境优美，庭院整洁，无卫生死角。

（5）水土保持良好，管理范围内无荒地，绿化及后勤等有专人管理或委托管理。

（6）保持水质和水生态环境良好，及时了解和掌握水质动态情况，制止影响水质和水环境的行为，并及时报告，发挥工程措施对改善水环境的作用。

三、评价要点

检查工程主要建筑物及管理范围内的面貌、外观、环境等现场情况，查阅相关照片、视频等材料，检查相关维修养护以及工程规划布局、建设、水土保持等资料，对工程面貌与环境进行评价。

（1）水闸工程整体形象面貌是否良好，管理范围内各建筑物整体是否完好，使用是否正常。

（2）工程管理范围内是否整洁，是否存在垃圾、杂物，工作场所是否干净整洁。

（3）工程管理范围宜绿化区域的绿化率是否达到80%以上的要求，绿化养护是否及时。

（4）管理范围内水土保持是否良好，是否存在水土流失现象，管理范围内有无荒地，绿化及后勤等是否有专人管理或委托管理。

（5）水闸上下游河道水质和水生态环境是否良好，以及工程措施对改善水环境的作用。

第二节　闸　室

标准化基本要求：闸室结构（闸墩、底板、边墙等）及两岸连接建筑物安全，无明显倾斜、开裂、不均匀沉降等重大缺陷；消能防冲及防渗排水设施运行正常。

一、评价内容及要求

闸室结构（闸墩、底板、边墙等）及两岸连接建筑物安全，无倾斜、开裂、不均匀沉降等安全缺陷；消能防冲及防渗排水设施完整、运行正常；闸室结构表面无破损、露筋、剥蚀、开裂；闸室无漂浮物，上下游连接段无明显淤积。

二、工作要点

（一）一般要求

（1）闸室及两岸连接建筑物结构稳定，无倾斜、开裂、不均匀沉降等安全缺陷。

（2）伸缩缝止水完好，填料无流失现象。

（二）闸室结构

（1）闸墩、胸墙、底板、涵洞等混凝土结构完整，无渗漏、剥蚀、剥落、冻融损坏、露筋、钢筋锈蚀及超过规定的裂缝、碳化等现象。

（2）浆砌石牢固平整，整洁美观，无松动、勾缝脱落、破损、塌陷、隆起、底部淘空和垫层流失，表面无杂草、杂物等。

（3）闸墩、底板、涵洞永久缝完好，无错动及渗漏。

（三）两岸连接建筑物

（1）岸墙及上下游翼墙混凝土无破损、渗漏、剥蚀、露筋、钢筋腐蚀和冻融损坏等；浆砌石无变形、松动、破损、勾缝脱落等；干砌石工程保持砌体完好、砌缝紧密，无松动、塌陷、隆起、底部淘空和垫层流失。

（2）翼墙与边墩、铺盖之间的永久缝完好、无渗漏；翼墙排水通畅，排水管无淤塞。

（3）上下游岸坡符合设计要求，顶平坡顺，无冲沟、坍塌；上下游堤岸排水设施完好；硬化路面无破损。

（四）消能防冲及防渗排水设施

（1）消能防冲工程混凝土无破损、空蚀、剥蚀、露筋、钢筋腐蚀和冻融损坏等。

（2）浆砌石无变形、松动、破损、勾缝脱落等。

（3）排水孔无淤塞，孔口完好、排水通畅。

（4）水下工程无冲刷破坏，消力池、门槽内无砂石堆积。

（五）上下游连接段

（1）闸室无漂浮物。

（2）上下游引河无明显淤积、冲刷现象。

三、评价要点

检查水闸工程闸室现状，查阅闸室关键部位照片和维修养护、安全监测、工程检查（包括日常检查、定期检查、专项检查）等资料，对闸室状况进行评价。

（1）闸室结构（闸墩、底板、边墙等）及两岸连接建筑物是否安全，是否存在明显倾斜、开裂、不均匀沉降等重大缺陷。

（2）消能防冲及防渗排水设施是否破损，是否影响正常运行。

（3）混凝土结构是否存在破损、露筋、剥蚀等现象，闸室结构是否存在贯穿裂缝等。

（4）闸室内是否有成堆漂浮物，闸室上下游连接段是否存在淤积现象。

第三节　闸　门

标准化基本要求：闸门能正常启闭；闸门无裂纹，无明显变形、卡阻，止水正常。

一、评价内容及要求

闸门启闭顺畅，止水正常，表面整洁，无裂纹，无明显变形、卡阻、锈蚀，埋件、承载构件、行走支承零部件无缺陷，止水装置密封可靠；吊耳无裂纹或锈损；按规定开展安全检测及设备等级评定；冰冻期间对闸门采取防冰冻措施。

二、工作要点

（一）一般要求

（1）闸门结构完好，无明显变形，防腐涂层完整，无起皮、鼓泡、剥落现象，无明显锈蚀；门体部件及隐蔽部位防腐状况良好。

（2）闸门各类零部件无缺失，表面整洁，梁格内无积水，闸门横梁、门槽、附件及结构夹缝处无杂物、水草及附着水生物等。

（3）止水橡皮、止水座完好，闸门渗漏水符合规定要求。

（4）冰冻期间对闸门采取水泵搅动法、压缩空气吹气法、电加热法等有效的防冰冻措施。

（5）定期对闸门进行评级，按《水工钢闸门和启闭机安全运行规程》（SL/T 722—2020）及有关标准执行。

（二）平面钢闸门

（1）平面钢闸门滚轮、滑轮等灵活可靠，无锈蚀、卡阻现象；运转部位加油设施完好、油路畅通，注油种类及油质符合要求，采用自润滑材料的应定期检查。

（2）平面钢闸门各种轨道平整，无锈蚀，预埋件无松动、变形和脱落现象。

（3）平面钢闸门吊座、闸门锁定等无裂纹、锈蚀等缺陷，闸门锁定灵活可靠，启门后不能长期运行于无锁定状态。

（三）弧形钢闸门

（1）弧形钢闸门侧导轮、支铰灵活可靠，支铰经常加油润滑，无锈蚀、卡阻现象。

（2）弧形钢闸门侧轨道平整，无锈蚀，预埋件无松动、变形和脱落现象。

（3）弧形钢闸门吊座、闸门锁定等无裂纹、锈蚀等缺陷，闸门锁定灵活可靠，启门后不能长期运行于无锁定状态。

（四）横拉闸门

（1）横拉闸门底轨平整，无锈蚀，预埋件无松动、变形和脱落现象。

（2）门库内无淤积、卡阻。

（五）人字闸门

（1）人字闸门门体转轴垂直度符合要求，结合柱无下垂现象；预埋件无松动、变形和脱落现象。

（2）人字闸门顶枢、底枢无过度磨损，经常加油润滑，无锈蚀、卡阻现象，加油设施通畅。

（六）叠梁式闸门

（1）叠梁式检修钢闸门长时间不用时架空放置，保持通风干燥。

（2）叠梁式检修钢闸门放置整齐有序，置于专用场地或仓库内，如堆放室外应进行有效遮盖。

三、评价要点

检查水闸工程闸门现状，查阅闸门关键部位照片和维修养护、安全监测、工程检查（包括日常检查、定期检查、专项检查）、等级评定等资料，对闸门状况进行评价。

（1）闸门表面是否整洁，面层防腐涂层是否完好，闸门止水效果是否良好，是否存在漏水严重等现象。

（2）闸门门体是否存在变形、锈蚀、卡阻等缺陷。

（3）闸门行走支承装置是否有缺陷，埋件、承载构件是否有变形现象，吊耳是否存在裂纹或锈损现象。

（4）是否按规定开展闸门安全检测及设备等级评定工作，评定结果是否准确。

（5）冰冻期间是否对闸门采取防冰冻措施。

第四节　启闭机及机电设备

标准化基本要求：启闭设施完好，运行正常；机电设备运行正常，指示准确。

一、评价内容及要求

启闭设备整洁，启闭机运行顺畅，无锈蚀、漏油、损坏等，钢丝绳、螺杆或液压部件等无异常，保护和限位装置有效；机电设备完好、运行正常，按规定对电气设备、指示仪表、避雷设施、接地等进行定期检验，无安全隐患；线路整齐、牢固、标注清晰；按规定开展安全检测及设备等级评定；备用电源可靠。

二、工作要点

（一）一般要求

（1）启闭机零部件无缺失，除转动部位的工作面外有防腐措施，着色符合标准；启闭机防护罩、机体表面保持清洁，无锈迹；无漏油、渗油现象；油漆保护完好，无翘皮、剥落现象；标识规范、齐全。

（2）机电设备完好，对各类电气设备、指示仪表、避雷设施、接地等进行定期检验，并符合规定；各类机电设备整洁，各类线路保持畅通，无安全隐患；备用发电机维护良好，能随时投入运行。

（3）定期对启闭机及机电设备进行评级，按《水工钢闸门和启闭机安全运行规程》（SL/T 722—2020）及有关标准执行。

（二）卷扬式启闭机

（1）启闭机机架底脚及机架与设备间连接牢固可靠，机架无明显变形，无损伤或裂纹；电机等有明显接地，接地电阻符合规定要求。

（2）启闭机的连接件紧固，无松动现象，转动轴同轴度符合规定，弹性联轴节内弹性圈无老化、破损现象。

（3）机械传动装置的转动部位注油种类及油位油质符合规定，注油设施完好，油路畅通，油封密封良好，无漏油现象。

（4）滑动轴承的轴瓦、轴颈光洁平滑，无划痕或拉毛现象，轴与轴瓦配合间隙符合规定。滚动轴承的滚子及其配件无卡阻、损伤、锈蚀、疲劳破坏及过度磨损现象。

（5）启闭机卷筒及轴应定位准确、转动灵活，无裂纹或明显损伤。

（6）齿轮减速箱密封严密，齿根及轴无裂纹，齿轮无过度磨损及疲劳剥落现象；齿轮啮合良好，转动灵活，接触点应在齿面中部，分布均匀对称；开式齿轮应保持清洁，表面润滑良好，无损坏及锈蚀。

（7）制动装置应动作灵活、制动可靠，制动轮及闸瓦表面无油污、油漆和水分，间隙符合要求；制动轮无裂纹、砂眼等缺陷；弹簧无过度变形。

（8）钢丝绳保持清洁，防水油脂满足要求，断丝不超过标准范围；钢丝绳在卷筒上排列整齐、固定牢固，预绕圈数符合设计要求，压板、螺栓齐全；钢丝绳两吊点在同一水平，闸门无倾斜现象；绳套内浇注块无粉化、松动现象；压板后钢丝绳头预留长度不超过 10 cm，绳头绑扎可靠，无松散现象。

（9）在闭门状态钢丝绳松紧适度，滑轮组转动灵活，滑轮内钢丝绳无脱槽、卡槽现象。

（10）电磁铁线圈及电机绝缘电阻不小于 0.5 MΩ。

（11）限位开关设定准确，动作可靠，闸门开度仪显示准确。

（12）电气控制设备动作可靠灵敏，符合电气设备管理标准。

（三）液压启闭机

（1）启闭机管道示流方向及电机转向标志符合标准。

（2）启闭机、油泵及管道等表面清洁，无锈迹，油漆无翘皮、剥落现象。

（3）液压站、油泵底脚及管道连接牢固可靠，油箱、管道、阀门无损坏、无渗油，管卡无破损、缺失；油泵出油量及压力达到额定值；电机等有明显接地，接地电阻符合规定要求。

（4）油位油质符合要求，油位、温度显示清晰准确，过滤器、吸湿剂能正常使用。

（5）限位开关设定准确，动作可靠，压力仪表、闸门开度仪显示准确。

（6）各类阀门动作可靠，溢流阀压力整定符合要求。

（7）液压启闭机活塞环、油封无断裂变形、过度磨损及失去弹性等现象；油缸内壁光洁，无锈蚀、拉毛、划痕等。

（8）启闭机构动作时无异常声响。

（9）电气控制设备动作可靠灵敏，符合电气设备管理标准。

（四）螺杆式启闭机

（1）启闭机机架底脚及机架与设备间连接牢固可靠，机架无明显变形，无损伤或裂纹；电机等有明显接地，接地电阻符合规定要求。

（2）启闭机的连接件紧固，无松动现象。

（3）机械传动装置的转动部位保持润滑，减速箱油位油质符合规定。

（4）螺杆式启闭机的螺杆有齿部位清洁，表面涂油防锈蚀，螺杆无弯曲变形。

（5）螺杆式启闭机的承重螺母、齿轮、推力轴承或螺纹齿宽无过度磨损。

（6）启闭机构动作时无异常声响。启闭机手摇部分转动灵活平稳、无卡阻现象，手、电两用设备电气闭锁装置安全可靠。

（7）启闭机行程开关（限位开关）设定准确，动作可靠，闸门开度仪显示准确。

（8）电气控制设备动作可靠灵敏，符合电气设备管理标准。

（五）电动葫芦

（1）电动葫芦轨道平直、对接无错位，焊接牢固可靠；轨道无裂纹及锈蚀，轨道两端弹性缓冲器齐全且正常。

（2）室外电动葫芦应有防雨防尘罩，不用时停在定点位置，吊钩升至最高位置，禁止长时间把重物悬于空中。

（3）电动葫芦卷筒上的钢丝绳排列整齐，钢丝绳保持清洁，断丝不超过标准范围；当吊钩降至下极限位置时，卷筒上的钢丝绳有效安全圈在2圈以上。

（4）电动葫芦保持足够的润滑油，润滑油的种类及油质符合要求。

（5）限位装置动作可靠，当吊钩升至上极限位置时，吊钩外壳到卷筒外壳之间的距离不得小于50 mm。

（6）电动葫芦制动器动作灵敏，制动轮无裂纹及过度磨损，弹簧无裂纹及塑性变形。

（7）滑轮绳槽表面光滑，起重吊钩转动灵活，表面光滑无损伤。

（8）滑触线无破损，与滑架接触良好；操作控制装置完好，上升下降方向与按钮指示保持一致，动作可靠；不用时电源牌处于切断状态，软电缆排列整齐，临时电源线及时拆除。

（六）干式变压器

（1）干式变压器本体及各部件清洁，无杂物，无积尘，绝缘树脂完好，各连接件紧固无锈蚀，套管无破损及放电痕迹。

（2）变压器的铭牌固定在明显可见位置，内容清晰，高低压相序标识清晰正确，电缆及引出母线无变形，接线桩头连接牢固，示温片齐全，外壳及中性点接地线完好。

（3）变压器运行时防护门锁好，通过观察窗能看清变压器运行状况，柜内检查用照明电源正常，电缆及母线出线封堵完好。

（4）测温仪能准确反映变压器温度，显示正常，变压器温度不超过设定值。

（5）柜内风机冷却系统运转正常，表面清洁。

（6）电气试验每年汛后定期进行，测试数值在允许范围内。

（7）合理调整分接开关动触头位置，保证输出电压符合要求。

（七）油浸式变压器

（1）油浸式变压器本体清洁，无渗漏油现象；变压器的铭牌固定在明显可见位置，内容清晰，高低压相序标识清晰正确。

（2）绝缘件、出线套管、支持绝缘子及引出母线无破损、放电痕迹及其他异常现象，电缆及引出母线无变形，接线桩头连接牢固，示温片齐全，外壳及中性点接地线完好，电缆及母线出线封堵完好。

（3）呼吸管应完好，油封呼吸器不缺油，吸湿器完好，吸附剂干燥。

（4）储油柜油位计、油色应正常，储油柜的油位应与温度相对应；防爆管无破裂、损伤及喷油痕迹，防爆膜完好。

（5）电气试验按要求定期进行，测试数值在允许范围内。

（6）变压器运行时无异常响声，温度不超过规定值。

（7）铁芯及绕组或引线对铁芯、外壳无放电现象。

（8）合理调整分接开关动触头位置，保证输出电压符合要求。

（八）开关柜

（1）开关柜及底座外观整洁、干净，无积尘，防腐保护层完好、无脱落、无锈迹。

（2）开关柜盘面仪表、指示灯、按钮及开关等完好，仪表显示准确、指示灯显示正常。

（3）开关柜整体完好，构架无变形，固定可靠。

（4）开关柜铭牌完整、清晰，柜前柜后均有统一的柜名，设有绝缘垫；抽屉或柜内外开关上应准确标示出供电用途。

（5）开关柜清洁，无杂物，无积尘，接线整齐，分色清楚；二次接线端子牢固，用途标示清楚，电缆及二次线应有清晰标记的电缆牌及号码管。

（6）柜内导体连接牢固，导体之间连接处及动力电缆接线桩头示温片齐全，无发热现象；开关柜与电缆沟之间封堵良好，防止小动物进入柜内。

（7）开关柜的金属构架、柜门及其安装于柜内的电器组件的金属支架与接地导体连接牢固，有明显的接地标志；门体与开关柜用多股软铜线进行可靠连接；开关柜之间的专用接地导体均应相互连接，并与接地端子连接牢固。

（8）开关柜手车、抽屉等进出灵活，闭锁稳定、可靠，柜内设备完好。

（9）开关柜门锁齐全完好，运行时柜门应处于关闭状态，对于重要开关设备电源或存在容易被触及的开关柜应处于锁定状态。

（10）柜内熔断器的选用、热继电器及智能开关保护整定值符合设计要求，漏电断路器应定期试验，确保动作可靠。

（11）操作箱、照明箱、动力配电箱的安装高度应符合规范要求，并做等电位连接，进出电缆应穿管或暗敷，外观美观整齐。

（12）设置在露天的开关箱应防雨、防潮，主令控制器及限位装置保持定位准确可靠，触点无烧毛现象。各种开关、继电保护装置保持干净，触点良好，接头牢固。

（九）柴油发电机

（1）柴油发电机表面清洁，着色符合标准要求，无积尘、油迹，防腐保护层完好，无脱落、锈迹；机架固定可靠，机架及电气设备有可靠接地。

（2）各类燃油阀门开关动作可靠，有明显的旋转方向标志。

（3）调速制杆灵活，各连接点保持润滑。

（4）柴油发电机油路、水路连接可靠通畅，无渗漏现象，冷却水水位、曲轴箱油位、燃油箱油位、散热器水位正常；滤清器清洁。

（5）冬季防冻措施到位。

（6）电池组的电量随时保证充足；电气接线桩头清洁，无变形，电缆与出口开关接线可靠，出口开关分断可靠。

（7）柴油发电机运转正常，无异常声响，电压、温度及转速等符合要求，各类仪表指示准确。

（8）定期开展试运行，每年至少带负荷运行一次。

（十）电缆

（1）电缆的负荷电流不应超过设计允许的最大负荷电流，长期允许工作温度应符合制造厂的规定。

（2）电缆外观应无损伤，绝缘良好；排列整齐、固定可靠。

（3）室外直埋电缆在拐弯点、中间接头等处应设标示桩，标示桩应完好无损。

（4）室外露出地面电缆的保护钢管或角钢应无锈蚀、位移或脱落。

（5）引入室内的电缆穿墙套管、预留管洞应使用防火材料封堵严密。

（6）沟道内电缆支架牢固，无锈蚀，沟道内应无积水；电缆标示牌应完整，应注明电缆线路的名称、走向、编号、型号、长度等。

（7）电缆头接地线良好，无松动断股、脱落现象，动力电缆头应固定可靠，终端头出线要有与母线一致的黄、绿、红三色相序标志。

（十一）照明设备

（1）管理所控制室、配电房、发电机房、启闭机房、闸室、主干道、楼梯踏步、临水边、通航场所等处均应布置亮度足够的照明设施。

（2）室外高杆路灯、庭院灯、泛光灯等固定可靠，连接螺栓无锈蚀；灯具强度符合要求，无损坏坠落危险。

（3）室外灯具线路应采用双绝缘电缆或电线穿管敷设，管路应有一定强度；草坪灯、地埋灯应有防水防潮功能，如损坏应及时修复，防止发生触电事故。

（4）所有灯具防腐保护层完好，油漆表面无起皮、剥落现象，灯具接地可靠，符合规定要求。

（5）照明灯具优先采用节能光源，如有损坏应及时修复。

（6）灯具电气控制设备完好，标志齐全清晰，动作可靠，室外照明灯具应设漏电保护器。

（7）注重环保节能，定时器按照季度调整开、关时间。

三、评价要点

检查水闸工程启闭机和各类机电设备现状，查阅关键部位照片和维修养护、安全监测、工程检查（包括日常检查、定期检查、专项检查）、等级评定等资料，对启闭机和各类机电设备状况进行评价。

（1）启闭机是否存在明显锈蚀，是否漏油严重；是否设置保护或限位装置，保护或限位装置是否安装到位，工作是否正常可靠；钢丝绳是否存在断丝、缠绕厚度等不满足规范要求的现象；螺杆式启闭机是否存在螺杆弯曲现象，液压启闭机液压部件是否存在严重缺陷。

（2）启闭机房是否存在开裂、漏水现象，环境卫生是否存在脏、乱、差等现象。

（3）各类电气设备、指示仪表、避雷设施、接地等是否定期检验；各类线路是否存在凌乱、松动、标注不清晰等现象。

（4）是否按规定开展设施设备安全检测及设备等级评定，评定结果是否准确。

（5）柴油发电机等备用电源是否按有关规定进行试运行和维护工作。

第五节　上下游河道和堤防

标准化基本要求：河道无影响运行安全的严重冲刷或淤积；两岸堤防规整。

一、评价内容及要求

上下游河道无明显淤积或冲刷；两岸堤防完整、完好。

二、工作要点

（1）上下游衬砌河道的护底和护坡平顺整洁，砌块完好、砌缝紧密，无勾缝脱落、松动、塌陷、隆起、底部淘空和垫层流失。

（2）上下游引河无明显淤积、冲刷现象。

（3）河道防护工程（护坡、护岸、丁坝、护脚等）无缺损、坍塌、松动；坝面平整；护坡平顺；备料堆放整齐，位置合理；工程整洁美观。

（4）堤身断面、护堤地（面积）符合设计要求；堤肩线直、弧圆，堤坡平顺；堤身无裂缝、冲沟、洞穴、杂物垃圾堆放。

（5）堤防无雨淋沟、渗漏、裂缝、塌陷、杂树、杂草等缺陷，坡顶无影响安全的高大树木。

（6）排水沟、减压井、排渗沟齐全、畅通，沟内杂草、杂物清理及时，无堵塞、破损现象。

三、评价要点

检查水闸工程上下游河道和堤防现状，查阅关键部位照片和维修养护、安全监测、工程检查（包括日常检查、定期检查、专项检查）等资料，对上下游河道和堤防状况进行评价。

（1）管理范围内上下游河道是否存在冲刷或淤积严重现象。

（2）两岸堤防是否存在渗漏、塌陷、开裂等现象。

（3）堤身是否存在裂缝、雨淋沟、害堤动物洞穴及活动痕迹；管理范围内是否存在堆放垃圾、杂物情况。

第六节　管理设施

标准化基本要求：雨水情测报、安全监测设施满足运行管理要求；防汛道路、通信条件、电力供应满足防汛抢险要求。

一、评价内容及要求

雨水情测报、安全监测、视频监视、警报设施，防汛道路、通信条件、电力供应、管理用房满足运行管理和防汛抢险要求。

二、工作要点

（1）开展水位、流量、降雨量观测，保持水文设施设备完好，运用正常。

（2）按照《水闸设计规范》（SL 265—2016）、《水闸安全监测技术规范》（SL 768—2018）等开展垂直位移、水平位移、测压管、河道断面、伸缩缝等观测，设施完好，观测基点定期校测，有必要的保护设施。

（3）视频监控的录像主机、分配器、大屏、摄像机等设备运行正常，表面清洁，散热风扇、温控设备等完好，工作正常。

（4）设置必要的扩音器或警报设施，警报可以覆盖整个工程警戒区。

（5）防汛道路满足防汛抢险通行要求，路面完整、平坦，无坑、明显凹陷和波状起伏，排水畅通；工作桥、检修便桥、交通桥荷载满足设计要求，桥面整洁、平整，排水设施良好；交通路桥限载、限速、限高设施完备。

（6）通信线路、交换机、防火墙、路由器等设备运行正常，自动控制系统、视频监视系统与上级调度系统通信正常。

(7) 供电线路可靠、稳定，满足工程运行管理的需要。

(8) 启闭机房、控制室、值班室、高低压开关室、发电机房、仓库、办公生活用房等设施完好，满足工程运行要求。屋面及墙体完好，无渗漏、剥落、裂缝、破损等，地面平整，门窗完好。

(9) 照明设施完善，安装规范；防雷装置可靠，接地符合要求；管理区围护设施完善。

三、评价要点

检查水闸雨水情测报、安全监测、视频监视、警报设施，防汛道路、通信条件、电力供应、管理用房等管理设施现状，并查阅相关照片、检查记录（包括日常巡查、定期检查、专项检查）、防雷接地检测报告等资料，对管理设施状况进行评价。

(1) 是否按照相关规范要求设置雨水情测报、安全监测设施。

(2) 水闸重要部位是否配置视频监控、安保警报等设施，设施是否满足管理需要，是否定期检查维护，设施运行是否稳定可靠。

(3) 防汛抢险的道路、通信条件和电力供应是否满足防汛抢险的要求，道路是否通畅，通信是否可靠，电力供应是否稳定。

(4) 水闸管理用房（包括办公、生产、生活设施等）是否满足水闸管理日常办公、防汛值班、物资贮存、资料档案存放及职工生活所需。

第七节　标识标牌

标准化基本要求：设置有责任人公示牌；设置有安全警示标牌。

一、评价内容及要求

工程管理区域内设置必要的工程简介牌、责任人公示牌、安全警示等标牌，内容准确清晰，设置合理。

二、工作要点

(1) 设立工程简介牌、责任人公示牌、管理范围和保护范围公告牌、水法规告示牌、安全警示牌等。

(2) 标识标牌的颜色、规格、材质等应符合相关规范及行业标准，内容应准确、清晰、简洁，文字应规范、正确、工整。

(3) 标识标牌的设置应综合考虑、布局合理，不得妨碍行人通行和车辆交通，不应构成对人身、设备安全的潜在风险或妨碍正常工作。安装应牢固稳定、安全可靠，不宜安装在门、窗、架等可移动的物体上。

(4) 标识标牌应定期检查维护，保持完好清洁。标识标牌检查维护记录表格式参照附录 G.8。

(5) 工程简介牌一般包括工程名称、位置、规模、功能、建成时间、关键技术参数、设计标准及服务范围、工程所在水系图等内容，宜设置在工程区域或主要建筑物入口醒目位置。

（6）责任人公示牌一般包括工程名称，责任单位名称，责任人的姓名、职务、联系方式等内容，宜设置在工程现场醒目位置。

（7）管理范围和保护范围公告牌一般包括工程管理和保护范围、公告主体、批准日期、示意图等内容，宜设置在工程区域及其管理范围或保护范围的醒目位置。

（8）水法规告示牌一般正面为政府告示，背面为有关水法律法规宣传标语，宜设置在水闸上下游的左右岸、入口、公路桥及拦河浮桶处。水法规告示牌数量可根据实际需要确定。

（9）安全类标识标牌一般包括安全警示牌、消防标志标牌、交通标志标牌、职业危害告知牌、安全风险公告栏等，宜设置在有重大危险源、较大危险因素和职业危害因素的场所。应符合下列要求：

①安全警示牌包括警告标志牌、禁止标志牌、指令标志牌、提示标志牌。多个安全警示牌在一起设置时，应按警告、禁止、指令、提示类型的顺序，先左后右、先上后下排列。

②消防标志标牌包括火灾报警装置标志标牌、疏散标志标牌、灭火设备标志标牌、方向辅助标志标牌、文字辅助标志标牌等。

③交通标志标牌包括限载、限宽、限高、限速、限行、禁停等标志牌。具有通航功能的水闸应设置助航标志，禁止通航的水闸应在与航道的交汇处设置禁止驶入、禁止停泊等禁航标志。

④职业危害告知牌包括健康危害、理化特性、应急处置、防护措施及联系电话等内容。

⑤安全风险公告栏应标明单位（工程）主要危险源及位置、类别、级别、风险等级、事故诱因、可能导致的后果以及风险管控、应急处置措施、报告电话等内容。危险源的风险等级由高到低依次分为重大风险、较大风险、一般风险和低风险四个等级，分别采用红、橙、黄、蓝四种颜色标示。

⑥传递安全信息含义的颜色包括红、蓝、黄、绿四种颜色。红色表示传递禁止、停止、危险或提示消防设备、设施的信息；蓝色表示传递必须遵守规定的指令性信息；黄色表示传递注意、警告的信息；绿色表示传递安全的提示性信息。安全色与对比色的使用按照红色与白色、蓝色与白色、黄色与黑色、绿色与白色的搭配方式，安全色与对比色的相间条纹为等宽条纹，倾斜约45°。

常用安全标志参照附录G.1~G.7。

三、评价要点

检查工程简介牌、责任人公示牌、管理范围和保护范围公告牌、水法规告示牌、安全警示牌等现场情况与照片，对工程标识标牌设置状况进行评价。

（1）工程主要建筑物附近醒目位置是否设置工程简介牌、工程建设永久性责任牌等；工程简介牌等内容是否符合实际。

（2）工程区域及其管理范围或保护范围醒目位置是否设置管理范围和保护范围公告牌；是否明确管理范围与保护范围，以及保护要求。

（3）工程管理区醒目位置是否设置水法、防洪法、安全管理条例等法律法规宣传标识。

（4）工程主要建筑物附近醒目位置是否设置责任人公示牌，包括工程名称，责任单位名称，责任人的姓名、职务、联系方式等内容。

（5）是否在存在危险因素的场所设置必要的安全类标识标牌，包括安全警示牌、消防标志标牌、交通标志标牌、职业危害告知牌、安全风险公告栏等。

（6）各类标识标牌布局是否合理，埋设是否牢固，外观是否整洁、美观，文字图形是否工整规范，颜色设置是否规范、正确。

（7）各类标识标牌检查维护记录是否完整、规范、齐全。

第三章
安全管理

第三章　安全管理

水闸工程标准化管理安全管理方面主要包括注册登记、工程划界、保护管理、安全鉴定、防汛管理、安全生产等内容。

第一节　注册登记

标准化基本要求：按规定完成注册登记。

一、评价内容及要求

按照《水闸注册登记管理办法》完成注册登记；登记信息完整准确，更新及时。

二、工作要点

（1）按照《水闸注册登记管理办法》对过闸流量大于5 m^3/s（含）的水闸进行注册登记。

（2）水利部负责指导和监督全国水闸注册登记工作，负责全国水闸注册登记的汇总管理。

①流域管理机构和新疆生产建设兵团水利局负责其所属水闸的注册登记、汇总、上报工作。

②县级以上地方人民政府水行政主管部门负责本地区所管辖水闸的注册登记、汇总、逐级上报工作。

③其他行业管辖的水闸向所在地县级人民政府水行政主管部门办理注册登记。

（3）已建成运行的水闸，由水管单位申请办理注册登记。无水管单位的水闸，由其主管部门或管理责任主体负责申请办理注册登记。新建水闸竣工验收之后3个月以内，应申请办理注册登记（表格参照附录F.1水闸注册登记表）。

（4）水闸注册登记实行一闸一证制度，采用网络申报方式进行，通过水闸注册登记管理系统开展工作。

（5）水闸注册登记需履行申报、审核、登记、发证等程序。

（6）水管单位向水闸注册登记机构申报登记，负责填报申报信息，并应确保申报信息的真实性、准确性。申报信息主要包括水闸基本信息、水管单位信息、工程竣工验收鉴定书（扫描件）、水闸控制运用计划（方案）批复文件（扫描件）、水闸安全鉴定报告书（扫描件）、病险水闸限制运用方案审核备案文件（扫描件）、水闸全景照片、其他资料等。

（7）水闸注册登记机构负责审核水闸注册登记申报信息，复核申报信息的真实性、准确性。

（8）水管单位应根据工程管理需要打印电子注册登记证书，并在适当场所明示。

（9）已注册登记的水闸，水管单位隶属关系发生变更的，或者由于安全鉴定、除险加固、改（扩）建、降等等情况导致水闸注册登记信息发生变化的，水管单位应在3个月内，通过水闸注册登记管理系统向水闸注册登记机构申请办理变更事项登记。

（10）经主管部门批准报废的水闸，水管单位应在3个月内通过水闸注册登记管理系统提供水闸报废批准文件（扫描件），向水闸注册登记机构申请办理注销登记。

三、评价要点

登录水利部堤防水闸基础信息数据库查看水闸注册登记表、注册登记证、注册登记变更事项登记表等材料，评价水闸是否按规定完成注册登记。

（1）水管单位是否按照规定完成水闸的注册登记。

（2）注册登记的信息是否与工程实际相符，内容是否完整、准确，有无虚假与错误信息。

（3）当水管单位隶属关系发生变更，或者由于安全鉴定、除险加固、改（扩）建、降等等情况导致水闸注册登记信息发生变化，或者其他需要变更时，是否及时办理了变更登记。

第二节　工程划界

标准化基本要求：工程管理范围完成划定，完成公告并设有界桩；工程保护范围和保护要求明确。

一、评价内容及要求

按照规定划定工程管理范围和保护范围，管理范围设有界桩（实地桩或电子桩）和公告牌，保护范围和保护要求明确；管理范围内土地使用权属明确。

二、工作要点

（1）根据《中华人民共和国水法》《中华人民共和国土地管理法》《中华人民共和国防洪法》《中华人民共和国河道管理条例》《大中型水利水电工程建设征地补偿和移民安置条例》等法律法规和属地相关要求完成水利工程管理与保护范围划定，按照规定程序实施并领取土地使用证或不动产权证。管理范围和保护范围公告牌应以当地县级以上人民政府作为发布主体。

（2）根据实际完成情况，计算相应的工程保护范围划定率、土地使用证领取率。

（3）根据水闸工程等级及重要性划定工程管理范围，包括主体工程、上下游引水渠道及消能防冲设施，两岸连接建筑物，上下游及两侧一定宽度范围，水文、观测等附属工程设施及生产生活管理区。

（4）保护范围的划分以不影响水闸安全、运行和管理为前提，根据水闸工程的重要程度、堤基土质条件，在工程管理范围的相连地域划定。

（5）成果资料一般包括控制测量成果，管理范围界线图，界桩（实地桩或电子桩）身份证及移位点之记，划定界桩成果表，划定点、线、面属性统计表，成果信息化及上报材料，土地确权及不动产登记有关资料。

（6）管理范围内应参照有关要求设置测量控制点、界桩、公告牌等；界桩位置、编号应与不动产权证附图一致，埋设规范。

（7）积极推进划界成果的电子化，实现与国土、规划部门共享。

三、评价要点

查看工程管理范围划界图纸（明确管理范围和保护范围），土地使用证（不动产权证）统计表，管理范围内土地使用证或不动产权证，工程管理范围界桩统计表和分布图，管理范围内测量控制点、界桩、公告牌图例等材料，评价工程划界工作是否按要求完成。

（1）是否按相关要求开展水利工程管理与保护范围划定，并明确管理界线。工程保护范围划定率、土地使用证领取率是否满足要求。

（2）管理范围内是否按要求埋设测量控制点、界桩等，界桩位置、编号与政府批准的材料是否一致，埋设是否规范；是否在适当位置设置公告牌、警示牌等，公告牌内容是否齐全。

（3）是否按照规定程序实施并领取土地使用证或不动产权证。

（4）是否推进划界成果的电子化，实现与国土、规划部门共享。

（5）界桩、公告牌等检查维护记录是否齐全。

第三节　保护管理

标准化基本要求：开展水事巡查工作，处置发现问题，做好巡查记录；工程管理范围内无违规建设行为，工程保护范围内无危害工程运行安全的活动。

一、评价内容及要求

依法开展工程管理范围和保护范围巡查，发现水事违法行为予以制止，并做好调查取证、及时上报、配合查处工作，工程管理范围内无违规建设行为，工程保护范围内无危害工程安全活动。

二、工作要点

（1）按照《中华人民共和国水法》《中华人民共和国防洪法》《中华人民共和国河道管理条例》等依法管理水闸工程。水行政管理职能明确，组织机构健全，管理制度齐全，执法人员持证上岗。

（2）制定年度巡查方案，采用日常巡查和重点巡查相结合的方式开展水事巡查。执法巡查一般不少于2人，巡查时要携带必要的证件和取证装备。

（3）及时制止危害水工程安全、破坏或者擅自占用水域或河道堤防、超范围或者未按许可实施涉水建设项目、破坏水资源等违法、违规行为，做好证据收集和调查勘验，按规定程序上报。

（4）执法巡查应建立台账，巡查人员需及时填写巡查记录，详细说明巡查人员、路线、内容、发现的问题及处理情况等，指定专人负责执法数据的统计和上报工作。

（5）管理范围内涉水建设项目占用手续应齐全，并登记在册，水管单位要参与现场放样、检查监督建设过程、参与项目验收，并做好涉水项目运行后监管。建设项目档案移交水管单位。

相关表格参照附录 F.2 保护管理相关表格。

三、评价要点

检查现场管理范围与工程保护范围，查看水事巡查制度、巡查记录、巡查报表、水事案件处理台账、管理范围内建设项目监管记录等材料，评价水管单位开展水事巡查与处置工作情况。

（1）是否依据相关要求有效开展水事巡查工作，并规范记录巡查内容与处理情况。

（2）巡查中发现工程管理范围和保护范围内存在违规行为或危害工程安全活动，是否及时有效制止，或开展调查取证与报告投诉，并配合执法人员对违规违章行为进行查处。

（3）工程管理范围和保护范围内是否存在违规行为或危害工程安全活动。

（4）是否依法对管理范围内的涉水建设项目进行监管，监管台账资料是否齐全。

（5）对工程管理范围内存在的违规建设等历史遗留问题，是否采取措施妥善解决。

第四节　安全鉴定

标准化基本要求：按规定开展安全鉴定；鉴定发现问题落实处理措施。

一、评价内容及要求

按照《水闸安全鉴定管理办法》及《水闸安全评价导则》（SL 214—2015）开展安全鉴定；鉴定成果用于指导水闸的安全运行管理和除险加固、更新改造。

二、工作要点

（1）水闸安全鉴定工作应根据《水闸安全鉴定管理办法》及《水闸安全评价导则》（SL 214—2015）的有关规定进行。

（2）水闸实行定期安全鉴定制度。

①首次安全鉴定应在新建工程、除险加固工程竣工验收或投入使用后 5 年内进行，以后每隔 10 年进行 1 次全面安全鉴定。

②运行中遭遇超标准洪水、强烈地震、增水高度超过校核潮位的风暴潮、工程发生重大事故后，应及时进行安全检查，如出现影响工程安全的异常现象，应及时进行安全

鉴定。

③闸门、启闭机等单项工程达到折旧年限时，按有关规定和规范适时进行单项工程安全鉴定。

（3）水管单位负责组织所管辖水闸的安全鉴定工作（鉴定组织单位）。县级以上地方人民政府水行政主管部门按照分级管理原则对水闸安全鉴定意见进行审定（鉴定审定部门）。

（4）水闸安全鉴定包括水闸安全评价、水闸安全评价成果审查和水闸安全鉴定报告书审定三个基本程序。

①水闸安全评价：鉴定组织单位进行水闸工程现状调查，委托符合要求的有关单位开展水闸安全评价（鉴定承担单位）。鉴定承担单位对水闸安全状况进行分析评价，提出水闸安全评价报告。

②水闸安全评价成果审查：由鉴定审定部门或其委托有关单位，主持召开水闸安全鉴定审查会，组织成立专家组，对水闸安全评价报告进行审查，形成水闸安全鉴定报告书。

③水闸安全鉴定报告书审定：鉴定审定部门审定并印发水闸安全鉴定报告书。

（5）大型水闸的安全评价，应由具有水利水电勘测设计甲级资质的单位承担；中型水闸的安全评价，由具有水利水电勘测设计乙级以上（含乙级）资质的单位承担。经水利部认定的水利科研院（所），可承担大中型水闸的安全评价任务。

（6）水闸安全类别划分为以下四类：

一类闸：运用指标能达到设计标准，无影响正常运行的缺陷，按常规维修养护即可保证正常运行。

二类闸：运用指标基本达到设计标准，工程存在一定损坏，经大修后，可达到正常运行。

三类闸：运用指标达不到设计标准，工程存在严重损坏，经除险加固后，才能达到正常运行。

四类闸：运用指标无法达到设计标准，工程存在严重安全问题，需降低标准运用或报废重建。

（7）水闸安全鉴定应提交安全鉴定材料汇编，包括现状调查、安全检测、复核分析、安全评价和安全鉴定报告书，并经组织专家评审和水行政主管部门审定。

（8）鉴定成果用于指导水闸安全运行和除险加固、更新改造、大修等。问题未得到处理前，应制定相关的应急预案。

三、评价要点

查看水闸现状调查分析报告、安全检测报告、安全复核报告、安全评价报告及安全鉴定报告书等材料，评价水闸安全鉴定工作的规范性。同时，针对鉴定成果，查阅存在问题处置情况的相关材料。

（1）是否按照《水闸安全鉴定管理办法》及《水闸安全评价导则》（SL 214—2015）等有关规定，定期开展水闸安全鉴定工作，安全鉴定时限是否超过鉴定周期。

（2）安全鉴定承担单位资质是否符合《水闸安全鉴定管理办法》的相关要求。

（3）安全鉴定成果是否通过技术审查和鉴定审定部门审定。

（4）鉴定成果是否用于指导水闸安全运行、更新改造和除险加固等。

（5）对安全鉴定中提出的建议、问题是否及时落实，是否存在遗留问题。如存在需进行除险加固或更新改造才能解决的问题，是否及时启动除险加固或更新改造项目。

（6）安全鉴定中提出的问题未得到处理前，是否制定相关的应急预案。

第五节　防汛管理

标准化基本要求：有防汛抢险应急预案并演练；有必要防汛物资；预警、预报信息畅通。

一、评价内容及要求

防汛组织体系健全；防汛责任制和防汛抢险应急预案落实并演练；按规定开展汛前检查；配备必要的抢险工具、器材设备，明确大宗防汛物资存放方式和调运线路，物资管理资料完备；预警、预报信息畅通。

二、工作要点

（1）建立健全防汛办事机构和组织网络，明确水管单位的防汛责任人，落实防汛责任。现场应设置安全管理责任公告牌，明确地方人民政府、水行政主管部门、水闸主管部门和水闸管理单位责任人。

（2）制定汛期各项工作制度和防汛抢险（包括对超标准洪水的处置措施）、安全管理等应急预案，防汛应急预案要做好与当地政府有关应急预案的衔接，并报上级防汛主管部门审批。

（3）组建防汛抢险队，制定全年防汛管理培训计划，根据工程运行管理中可能出现的险情，有针对性地开展应急培训和演练。

（4）开展汛前检查，做好工程安全度汛准备工作，发现安全隐患和薄弱环节，要明确责任、限时整改。汛后，水管单位应及时向上级主管部门上报汛期工作总结和评价。

（5）根据水闸工程规模，按照水利部《防汛物资储备定额编制规程》（SL 298—2004）和相关管理文件要求测算防汛物资的品种和数量，采用现场储备和协议储备相结合，配备抢险物料、救生器材和抢险机具等，绘制物资分布图和调运路线图。协议储备防汛物资要签订协议书，制定调运方案。

（6）防汛仓库的面积、整体功能、配套设备设施等应满足防汛物资储备需求，仓库布局合理，专人负责。采取必要的保温、防潮、避光、通风、消防、安保等措施。

（7）防汛物资储备管理参照《中央应急抢险救灾物资储备管理暂行办法》执行，管理制度齐全，并上墙明示。储存的每批物资要有标签，标明品名、规格、产地、编号、数量、质量、生产日期、入库时间等。储备物资要分类存放，码放整齐，留有通道。储备物资要做到实物、标签、账目相符，定期盘库。

（8）对霉变、损坏和超过保质期的防汛物资应有更新计划，并按规定及时更新。

（9）水管单位要与相关防汛、水文和应急等部门单位建立沟通联络机制，保障通信系统完好、畅通。汛期建立 24 h 值班制度，及时关注工情、雨情、水情和灾情等信息，服从应急抢险需要，及时调配抢险队伍和防汛物资。

防汛抢险应急预案参照附录 H.1。

三、评价要点

查看水管单位防汛抢险组织机构设置、相关制度、应急预案、人员培训、汛前检查等材料。检查防汛物资及抢险机具仓库，并查阅防汛物资管理制度、防汛物资管理台账、防汛物资与抢险机具检查保养记录等材料，评价水闸防汛抢险应急工作的开展情况。

（1）是否建立防汛抢险组织机构，相关制度是否齐全。

（2）是否编制水闸防汛抢险应急预案，并经审批、报备。

（3）预案编制是否具有较好的针对性和可操作性，是否落实抢险队伍、明确防汛抢险任务，是否根据可能发生的各种险情制定了具体的抢险措施。

（4）是否每年按照预案开展演练或推演，防汛抢险人员是否参加培训（计划、学习、演练、考核评估等材料）。

（5）是否按要求开展汛前检查，汛前检查中存在的问题是否逐一整改落实。

（6）是否建立健全防汛物料储备制度，是否明确物料调用规则与路线，防汛物料是否有专人负责管理，是否建立防汛物资管理台账。

（7）防汛物料储备数量是否满足水利部《防汛物资储备定额编制规程》（SL 298—2004）的要求，存放是否规范，协议储备防汛物资的是否签订协议，协议是否明确各方权益。

（8）与防汛抢险有关的通信设备、抢险器具是否定期检查，设施设备是否完好。

第六节　安全生产

标准化基本要求：落实安全生产责任制；开展安全生产隐患排查治理，建立台账记录；编制安全生产应急预案并开展演练；1 年内无较大及以上生产安全事故。

一、评价内容及要求

安全生产责任制落实；定期开展安全隐患排查治理，排查治理记录规范；开展安全生产宣传和培训，安全设施及器具配备齐全并定期检验，安全警示标识、危险源辨识牌等设置规范；编制安全生产应急预案并完成报备，开展演练；1 年内无较大及以上生产安全事故。

二、工作要点

（1）建立安全生产组织网络，健全安全生产管理制度，落实安全生产责任，明确各岗位的责任人员、责任范围和考核标准等，加强对安全生产责任制落实情况的监督考核。

（2）按照水利水电工程运行危险源辨识与风险评价相关规定，开展水闸工程运行危险源辨识与风险评价。按安全风险等级实行分级管理，落实管控责任。重大危险源和风险等级为重大的一般危险源，按照职责范围报属地水行政主管部门备案，危险物品重大危险源按照规定同时报有关应急管理部门备案。

（3）开展定期综合检查、专项检查、季节性检查、节假日检查和日常检查，对排查出的一般事故隐患及时处置。重大隐患排查治理按照水利部《水利工程生产安全重大事故隐患清单指南》开展，做到“五落实”。

（4）常用安全设施。

①消防设施：灭火器（根据不同的灭火要求配备）、消防砂箱（含消防铲、消防桶）、消防栓等。

②救生设施：救生艇、救生衣、救生圈、安全绳等。

③电气安全用具：绝缘鞋、绝缘手套、绝缘垫、绝缘棒、验电器等。电气安全用具按规定周期定期试验：绝缘鞋、绝缘手套、绝缘垫每6个月1次，绝缘棒、验电器每1年1次。

④防雷设施：避雷针、避雷器、避雷线（带）、接地装置等，每年开展1次防雷设施检测。

⑤拦河设施：通航河道上建有不通航节制闸时，在上下游河道警戒区外侧设拦河索，工作桥正中上下游侧装两组并列阻航灯等。

⑥助航设施：参照水上交通相关规定设置。

（5）对起重设备、电梯、压力容器等特种设备按规定定期检验。

（6）按规定设置安全警示标志、安全风险公告栏和职业病危害警示标识等，满足管理要求。

（7）开展安全生产宣传，针对安全管理人员、在岗人员、特种作业人员、新员工等进行教育培训。

（8）根据危险源辨识与风险评价结果编制安全生产应急预案，并按要求备案。每年至少组织1次综合预案或专项预案演练，每半年组织1次现场处置方案演练。

（9）建立安全生产活动台账，一般包括安全生产会议、安全学习、安全检查、安全培训、预案演练等。

（10）1年内无较大及以上生产安全事故，按时填报水利安全生产信息报表。

（11）积极开展安全生产标准化建设。

安全生产应急预案参照附录H.2；相关表格参照附录F.3安全生产相关记录表式。

三、评价要点

检查工程管理范围内生产管理场所，查阅安全生产责任书、工程危险源辨识与风险评价报告、隐患排查治理记录、安全检查整改通知书与整改回执单、特种设备检验报告、特种作业人员持证上岗情况统计表、安全用具定期试验报告、职工安全生产教育培训资料、安全生产综合预案与专项预案、应急预案演练方案与演练记录、安全生产宣传活动台账等材料，评价水闸工程安全生产工作的开展情况。

（1）是否建立安全生产管理制度，落实安全生产责任；是否逐级签订安全生产责任书。

（2）是否根据水闸运行管理实际，开展危险源辨识与风险评价；安全警示标识与危险源辨识牌设置是否规范。

（3）安全设施及器具配置是否齐全，是否定期检验，是否能正常使用。

（4）安全生产隐患排查是否及时；发现隐患是否及时整改治理，治理是否彻底，台账资料是否齐全，记录是否规范。

（5）是否根据水闸运行管理实际，编制安全生产综合预案、专项预案和现场处置方案，是否按要求报批或备案。

（6）是否按要求定期开展安全生产预案演练、培训与学习，并开展安全生产宣传。

（7）3 年内是否发生一般及以上生产安全事故，1 年内是否发生较大及以上生产安全事故。

第四章
运行管护

第四章 运行管护

水闸工程标准化管理运行管护方面主要包括管理细则、工程巡查、安全监测、维修养护、控制运用、操作运行等内容。

第一节 管理细则

标准化基本要求：制订有关技术管理实施细则。

一、评价内容及要求

结合工程具体情况，及时制订完善水闸技术管理实施细则（如工程巡视检查和安全监测制度、工程调度运用制度、闸门启闭机操作规程、工程维修养护制度等），内容清晰，要求明确。

二、工作要点

（1）水管单位应根据《水闸技术管理规程》（SL 75—2014），结合工程实际情况及其他相关技术资料编制技术管理实施细则。

（2）水闸技术管理实施细则应按相关规定报批。

（3）技术管理实施细则应按单个工程单独进行编制，内容齐全，针对性及可操作性强。

（4）当工程管理条件变化、设备更新改造或管理要求变化时，应及时组织对技术管理实施细则进行修订。

（5）技术管理实施细则一般包括以下内容：总则、工程概况、组织管理、规章制度、控制运用、工程检查与设备评级、安全监测、维修养护、安全管理、技术档案管理、信息化管理等。

①总则，包括编制目的、编制依据、适用范围、管理范围、管理工作主要内容及制度、引用标准等。

②工程概况，包括工程基本情况、加固改造、功能作用、管理范围、设计水位组合及历史特征值等内容。

③组织管理，包括管理机构及人员、管理经费、教育培训等。

④规章制度，包括一般要求、制度分类、制度执行要求、操作规程等主要内容。

⑤控制运用，包括一般规定、调度方案、控制运用要求、闸门的操作运用、防汛工作、冰冻期的运用与管理和应急处理等。

⑥工程检查与设备评级，包括一般规定、经常检查、定期检查、特别检查、机电设

备评级。

⑦安全监测，包括一般要求，观测项目、观测要求、观测资料整编与成果分析等内容。

⑧维修养护，包括一般要求，维修养护项目管理，混凝土及砌石工程维修养护，堤岸及引河工程维修养护，闸门维修养护，启闭机维修养护，电气设备维修养护，通信及监测、监视设施维修养护，管理设施维修养护，工程观测设施维修养护等。

⑨安全管理，包括一般规定、工程安全管理、安全运行管理、安全检修管理、事故处理、安全设施管理、安全鉴定。

⑩技术档案管理，包括一般规定、档案收集、档案整理归档、档案验收移交、档案保管等。

⑪信息化管理，包括自动化监测、视频监视管理和信息平台建设等。

三、评价要点

查看水闸技术管理实施细则和报批、批复文件，评价技术管理实施细则的编制工作。

（1）是否按照《水闸技术管理规程》（SL 75—2014）有关规定和工程实际情况，编制水闸技术管理实施细则。

（2）水闸技术管理实施细则是否经过上级主管部门审批。

（3）水闸技术管理实施细则内容是否符合工程实际，是否具有针对性和可操作性。

（4）是否定期组织对水闸技术管理实施细则进行学习培训。

（5）当工程管理条件变化、设备更新改造或管理要求变化时，是否及时组织对水闸技术管理实施细则进行修订。

第二节　工程巡查

标准化基本要求：开展工程巡查；做好巡查记录，发现问题及时处理。

一、评价内容及要求

按照《水闸技术管理规程》（SL 75—2014）开展日常检查、定期检查和专项检查，巡查路线、频次和内容符合要求，记录规范，发现问题处理及时到位。

二、工作要点

（1）水闸工程巡查按照日常检查、定期检查和专项检查分类进行。

（2）应制订工程检查制度并上墙明示，明确各项检查的具体要求，内容应包括检查组织、人员、周期、范围、内容等，每次检查至少应有2人。

（3）日常检查应由有经验的水闸运行维护人员对水闸进行日常巡视检查。

①应设定检查线路，绘制检查路线图，主要对水闸管理范围内的建筑物、闸门、启闭机、机电设备、观测设施、通信设施、管理设施及管理范围内的河道、堤防、拦河坝

和水流形态等进行检查。

②主要依靠目视、耳听、手摸、鼻嗅等直观方法，可辅以锤、钎、量尺、放大镜、望远镜、照相摄像设备等工（器）具，也可利用视频监视系统或智能巡检系统辅助现场检查。

③日常检查的次数：施工期，宜每周 2 次；试运行期，宜每周 3 次；正常运行期，可逐步减少次数，但每月不宜少于 1 次；汛期及遭遇特殊工况时，应增加检查次数。水闸在设计水位运行时，每天应至少检查 1 次。

（4）定期检查包括汛前检查、汛后检查和引水前后检查，部分严寒地区冰冻期起始和结束也要进行相应检查。

①汛前检查着重检查建筑物、设备和设施的最新状况，养护维修工程和度汛应急工程完成情况，安全度汛存在问题及措施，防汛工作准备情况。

②汛后检查着重检查建筑物、设备和设施度汛后的变化和损坏情况，对于冰冻地区，还应检查防冻措施落实及其效果等。

③水闸引水前，应对工程进行全面检查，消除影响安全运行的隐患，经历送水期运行后，结合运行中所出现问题，进行有针对性的检查，重点检查转动部件、易损部件磨损等情况。

（5）水闸经受地震、风暴潮、台风或其他自然灾害或超过设计水位运行后，发现较大隐患、异常或拟进行技术改造时，水管单位或主管部门应及时组织安全检查组进行专项检查，必要时还应派专人进行连续监视。位于冰冻严重地区的水闸，冰冻期间还应检查防冻设施的状况及其效果。

（6）及时整理现场记录，并将本次检查结果与上次或历次检查结果进行对比分析，同时结合相关仪器监测资料进行综合分析，如发现异常，应立即在现场对该检查项目进行复查；重点缺陷部位和重要设备，应设立专项记录；检查记录应形成电子文档。

（7）定期对水下工程进行检查，检查报告并随文上报。水下检查着重检查水下工程的损坏情况，超过设计指标运用后，应及时进行水下检查。

（8）定期检查和专项检查应审阅水闸检查、运行、维护记录和监测数据等档案资料，编制定期检查报告。查出问题要有处理意见及处理结果，并随文上报。

（9）检查报告应包括下列内容：

①检查日期；

②检查目的和任务；

③检查结果（包括文字记录、略图、照片等）；

④与以往检查结果的对比、分析和判断；

⑤异常情况及原因分析；

⑥检查结论及建议；

⑦检查组成员签名。

工程检查相关表格参照附录 F. 4。

三、评价要点

查看水闸工程巡视检查制度、日常检查记录（巡查轨迹）、设备巡检记录（巡查轨迹）、定期检查报告及检查表、特别检查报告及检查表等材料，评价工程巡查开展情况及问题处理情况。

（1）水管单位是否结合工程实际，根据水工建筑物及设施设备的特点，制订与本工程相适应的巡视检查制度，是否明确各项检查的具体要求，并上墙明示。

（2）巡视检查制度是否包括工程检查的组织、准备、频次、内容、方法、记录、分析、处理、报告等工作内容与要求，内容是否齐全。

（3）水管单位是否制订日常检查、定期检查、专项检查的工作流程，工程管理人员是否按工作流程与相关制度要求进行工程巡视检查。

（4）水管单位是否制定切实可行的巡视检查线路，绘制检查路线图；检查是否全面，是否对建筑物、闸门、启闭机、机电设备、观测设施、通信设施、管理设施及管理范围内的河道、堤防、拦河坝和水流形态进行检查。

（5）是否按相关制度和标准要求的频次开展工程巡查，并做好相关记录和报告，记录是否规范、准确；定期检查和特别检查在完成现场检查后，是否及时编制检查报告。

（6）对检查发现的隐患，检查负责人是否进行进一步核实，并组织分析判断可能产生的不利影响，是否及时提出处理意见并抓紧组织实施，落实相应的管理措施。

（7）现场巡查记录（包括分析日常或问题的记录、照片或录像等）、检查报告、问题或异常的处理与验收等资料是否定期归档，相关责任人的签名是否完备。

第三节　安全监测

标准化基本要求：开展安全监测；做好监测数据记录、整编、分析工作。

一、评价内容及要求

按照《水闸安全监测技术规范》（SL 768—2018）要求开展安全监测，监测项目、频次符合要求；数据可靠，记录完整，资料整编分析有效；定期开展监测设备校验和比测。

二、工作要点

（1）应根据《水闸技术管理规程》（SL 75—2014）和《水闸安全监测技术规范》（SL 768—2018）开展安全监测工作。

（2）水闸安全监测范围应包括闸室段，上下游连接段，管理范围内的上下游河道、堤防，以及与水闸工程安全有关的其他建筑物和设施。

（3）水闸的安全监测项目及其测次应遵守《水闸安全监测技术规范》（SL 768—2018）的规定。当发生地震、暴雨、台风、高潮位、闸内外水位骤变、检修及水闸工作状态异常时，应加强现场检查、增加测次，必要时应增加监测项目，发现问题应及时上报。

（4）环境量监测项目应包括水位、流量、降水量、气温、上下游河床淤积和冲刷等；降水量、气温观测可采用当地水文站、气象站观测资料。

（5）变形监测项目应包括垂直位移、水平位移、倾斜、裂缝和结构缝开合度等。

①变形监测平面坐标及水准高程应与设计、施工和运行各阶段的控制网坐标系统一致，宜与国家控制网坐标系统建立联系。

②首次垂直位移观测应在测点埋设后及时进行，然后根据施工期不同荷载阶段按时进行观测。

③在水闸过水前、后应对垂直位移、水平位移分别观测 1 次，以后再根据工程运用情况定期进行观测。

（6）渗流监测项目应包括闸基扬压力和侧向绕渗。

①采用测深法测量测压管水位时，测绳（尺）刻度应不低于 5 mm。

②采用渗压计测量渗透压力时，应根据被测点可能产生的最大压力选择渗压计量程。渗压计量程宜不低于 1.2 倍最大压力且不高于 2 倍最大压力，精度应不低于 0.5%FS。

③扬压力和侧向绕渗观测，应同时观测上下游水位，并注意观测渗透的滞后现象。对于受潮汐影响的水闸，应在每月最高潮位期间选测 1 次，观测时间以测到潮汐周期内最高潮位和最低潮位及潮位变化中扬压力过程线为准。

④测压管管口高程宜按不低于三等水准测量的要求每年校核 1 次。测压管灵敏度检查可 3~5 年进行 1 次。

（7）应力、应变及温度监测项目主要包括混凝土内部及表面应力、应变，锚杆应力，锚索受力，钢筋应力，地基反力，墙后土压力和温度等。

①应力、应变及温度监测宜与变形监测和渗流监测项目相结合布置。

②埋设初期 1 个月内，钢筋计、应变计、无应力计和温度计观测宜按如下频次进行：前 24 h，1 次/4 h；第 2~3 天，1 次/8 h；第 4~7 天，1 次/12 h；第 7~14 天，1 次/24 h。

③使用直读式接收仪表进行观测时，每年应对仪表进行一次检验。如需更换仪表，应先检验是否有互换性。

④仪器设备应妥加保护。电缆的编号牌应防止锈蚀、混淆或丢失。电缆长度需改变时，应在改变长度前后读取测值，并做好记录。集线箱及测控装置应保持干燥。

（8）应根据水闸工程规模、等级、运用条件和环境等因素，有针对性地设置专门性监测项目。专项监测项目主要包括水力学、地震反应和冰凌等。

①对于大（1）型水闸，宜在初期运行期进行水力学监测。水力学监测项目包括水流流态、水面线（水位）、波浪、水流流速、消能、冲刷（淤）变化等。

②对于建筑在设计烈度为Ⅶ度及以上的大（1）型水闸，应对建筑物的地震反应进行监测。

③冰凌观测主要包括静冰压力、动冰压力、冰厚、冰温等。自结冰之日起开始观测，每日至少观测 2 次。在冰层胀缩变化剧烈时期，应加密测次。静冰压力、冰温观测的同时，应进行冰厚观测。

（9）监测工作应由专人负责，或委托专业机构开展；监测人员应具备相应业务能力；观测设备、设施应定期检查确保完好，观测仪器按规定定期校核；自动化观测设施应有专人负责管理，定期校核和人工比测，必要时委托专业队伍进行维修养护。

（10）监测工作应符合下列基本要求：

①保持观测工作的系统性和连续性，按照规定的项目、测次和时间进行观测。

②随观测、随记录、随计算、随校核。

③无缺测、无漏测、无不符合精度、无违时。

④人员固定、设备固定、测次固定、时间固定。

（11）每次仪器监测或现场检查后应及时对原始记录加以检查和整理，并应及时做出初步分析。每年应进行一次监测资料整编。在整理和整编的基础上，应定期进行资料分析。

（12）整编成果应做到项目齐全，考证清楚，数据可靠，方法合理，图表完整，规格统一，说明完备；观测记录、成果表签字齐全、符合规范。

（13）应使用计算机整编观测成果；上级主管部门对观测成果应进行考核，考核等次明确；观测完成后应按时整编刊印观测资料，并及时归档。

（14）观测分析报告主要包括以下主要内容：

①工程概况。

②观测设备情况，包括设施的布置、型号、完好率、观测初始值等。

③观测方法。

④主要观测成果。

⑤成果分析与评价。

⑥结论与建议。

三、评价要点

查看水闸工程安全监测设施分布图、观测设施埋设考证、观测记录、观测资料汇编、观测单位及人员资质证书、观测设施日常检查与维养记录、观测仪器定期检验与率定、自动化观测设施人工比测资料、安全监测资料分析报告（年度报告）等资料，以及现场监测设施状况，评价水闸工程安全监测与资料整编分析情况。

（1）水管单位是否按照国家现行相关标准要求，结合工程实际设置了必要的工程安全监测项目，并开展水闸安全监测工作。

（2）水管单位是否结合工程实际，制订安全监测制度，明确了工程监测和水文观测的观测时间、频次、方法、数据校核与处理、资料整编归档、仪器检查率定、异常分析报告等工作内容与要求。

（3）水闸工程的安全监测项目、观测精度及其测次是否符合《水闸技术管理规程》（SL 75—2014）和《水闸安全监测技术规范》（SL 768—2018）的要求。当发生地震、暴雨、台风、高水位、水位骤变及水闸工作状态异常时，是否加强了监测、增加了测次，发现问题是否及时上报。

（4）人工观测的原始记录、整理核对成果等是否规范，是否经有关人员审核，是否及时归档。

（5）监测设施考证资料是否存在缺失或不可靠情况，监测仪器、仪表是否定期进行保养、率定、检定，自动化监测项目是否定期进行人工比测，发现问题是否及时校准、维修或更换。

（6）监测资料是否存在严重缺失或监测项目存在明显中断监测现象，数据的可靠性是否符合要求。

（7）安全监测资料是否按《水闸技术管理规程》（SL 75—2014）和《水闸安全监测技术规范》（SL 768—2018）的要求及时进行整编分析。

第四节　维修养护

标准化基本要求：开展工程维修养护；有维修养护记录。

一、评价内容及要求

按照有关规定开展维修养护，制定维修养护计划，实施过程规范，维修养护到位，工作记录完整；加强项目实施过程管理和验收，项目资料齐全。

二、工作要点

（1）水管单位应遵循“经常养护、及时维修、养修并重”的原则，规范开展维修养护工作，确保工程达到设计标准，保持工程的完整性。

（2）设备维护每年应不少于一次，可结合检查情况实施；维护中不能解决的问题，应进行检修。

（3）编制维修养护项目计划和实施方案，加强经费、进度、质量、采购和资料管理，保质保量按时完成工程维修养护项目。

（4）应根据工程汛期运行和汛后检查情况，对存在的问题进行分析，确定处置方案，按轻重缓急编制下一年度维修养护计划和预算。

（5）维修计划要求明确工程维修部位、维修缘由、维修内容及预算，由业务主管部门审定、汇总后，及时上报上级主管部门批准。

（6）建立项目管理机构，明确质量、安全、进度、经费及档案管理责任制等，严格按批复方案实施，按照工程经费使用相关规定，履行采购程序。

（7）应加强现场安全管理，项目进场前必须签订安全协议，施工外来人员进场必须进行安全告知和安全培训，加强施工过程安全监管。

（8）维修养护过程中，应及时做好记录；记录的主要内容应包括设备状况、维修养护工作内容、系统和设备结构的改动、测量数据和试验结果等。

（9）加强项目质量管理，按照相关质量检测评定标准，重点加强关键工序、关键部位和隐蔽工程的质量检测管理，必要时可委托第三方检测，保留质量分项检验记录。

（10）加强项目实施质量、安全、经费、进度和资料档案管理等检查考核；定期统计分析通报维修养护项目进度情况。

（11）工程完工后，水管单位应组织工程量核定，在规定期限内完成工程结算和财务审计，确保经费专款专用；水管单位及时组织工管、财务、审计等相关部门进行竣工验收。

（12）维修养护项目管理资料全面、规范，做到招标投标资料、合同协议、安全管理资料、结算审计过程资料、材料设备质保书、质量检验资料、验收报告等作为管理台账附件全部整理归档。

检修试验记录表参照附录 F.5。

三、评价要点

查看水闸工程维修养护管理制度或管理办法、工程维修养护计划及批复文件、大修项目的设计与审批、维修项目管理与验收等资料，以及现场工程与设施状况，评价水闸工程开展维修养护工作的规范性、及时性和有效性情况。

（1）水管单位是否每年按要求编制工程维修养护计划，并及时开展维修养护。

（2）制定的维修养护计划是否全面覆盖工程检查、检验、评定等发现的问题，并及时实施维修养护计划。

（3）工程现场是否维持良好的形象面貌，保持工程符合设计标准与使用功能。

（4）维修养护项目实施过程是否规范，管理资料是否全面，记录是否规范。

（5）大修项目有无设计与审批，设计与审批是否满足相关要求。

（6）维修养护项目是否能按计划完成，并按验收标准及时组织验收。

第五节　控制运用

标准化基本要求：有按规定批复或备案的水闸控制运用计划或调度方案；调度运行计划和指令执行到位；有调度运用记录。

一、评价内容及要求

有水闸控制运用计划或调度方案并按规定申请批复或备案；按控制运用计划或上级主管部门的指令组织实施，并做好记录。

二、工作要点

（1）水管单位应有经上级行政主管部门批准的控制运用计划或调度方案，参见《洪水调度方案编制导则》（SL 596—2012）。

（2）控制运用方案主要内容包括工程概况、工程设计指标及防洪标准、水闸调度原则、水闸调度方案等。当水闸功能或运用指标发生变化时，应及时修订控制运用方案。

（3）水闸运用应按批准的控制运用计划或上级主管部门的指令进行，不得接受其他任何单位和个人的指令。

（4）对上级主管部门的指令应详细记录、复核，执行完毕后，向上级主管部门报告，留存水闸操作运行记录。水闸工程调度记录参照附录 F.6。

（5）水闸超过设计控制指标运用时，应进行分析论证和安全复核，提出可行的运用方案和改造措施，报经上级主管部门批准后施行。

（6）当水闸上下游河道水体被污染，水闸保护范围内有影响工程安全的活动时，水管单位应及时采取处理措施，并向上级主管部门报告。

（7）有淤积的水闸，应采取妥善的运用方式防淤减淤。

（8）通航河道上的水闸，水管单位应及时与当地航运主管部门互通信息，通报水情。

（9）节制闸、分洪闸、排水闸、引水闸、挡潮闸的控制运用要求参照《水闸技术管理规程》（SL 75—2014）执行。

（10）泄流时，应采取措施防止船舶或漂浮物影响闸门启闭或危及闸门、建筑物安全。

（11）严寒冰冻期间应采取有效的防冻措施，防止建筑物及闸门受冰压力作用而损坏；冰冻期间启闭闸门前，应采取措施，消除闸门周边和运转部位的冻结。

（12）解冻期间不宜泄水，如必须泄水，应将闸门提出水面或小开度泄水，对于多孔水闸，可少数孔全开运行。

相关表格参照附录 F.6、F.7。

三、评价要点

查看水闸控制运用制度、调度规程和调度运用方案（计划）及批复文件、工程调度指令和执行记录，评价水闸工程控制运用的规范性、记录的完整性。

（1）是否编制水闸控制运用计划或调度方案，并按规定报批。

（2）水闸控制运用计划或调度方案是否符合相关规程规范和工程实际运用要求。

（3）水闸控制运用计划或调度方案是否明确水闸调度原则与调度权限，实际调度运用中是否存在不符合调度原则或调度权限的行为。

（4）当调度指标和调度方式变动时，是否履行相关程序。

（5）水闸调度有关的记录是否完整、规范，归档是否及时。

第六节　操作运行

标准化基本要求：有闸门及启闭设备操作规程，并明示；操作流程规范，有操作记录。

一、评价内容及要求

按照规定编制闸门及启闭设备操作规程，并明示；根据工程实际，编制详细的操作手册，内容应包括闸门启闭机、机电设备等操作流程等；严格按规程和调度指令操作运行，操作人员固定，定期培训；无人为事故；操作记录规范。

二、工作要点

（1）编制运行操作制度和闸门、启闭机、电气设备等运行操作规程，操作规程应包括设备运行主要流程和注意事项，并能指导操作人员安全可靠地完成操作，并在启闭机房、电气开关室、柴油发电机房等区域进行明示。

（2）结合工程实际，编制详细的运行操作手册，主要说明卷扬式、液压式、螺杆式等启闭机执行开闸、关闸时所进行的主要操作内容，以及相关电气开关设备的操作程序和流程，操作手册可以和标准化工作手册结合一起编制。

（3）操作手册中应梳理说明具体运行操作流程，绘制流程图，与流程图相对应，说明运行操作的具体步骤，操作步骤要详细具体，表达清晰，可采用现场实物图片配以文字说明方式描述。

（4）闸门启闭前应做好下列准备工作：

①检查上下游管理范围和安全警戒区内有无船只、漂浮物或其他施工作业，并进行处理；

②检查闸门启闭状态，有无卡阻；

③检查启闭设备及供电设备是否符合运行要求；

④观察上下游水位和流态，核对流量与闸门开度。

（5）严格执行操作票制度，按照操作手册指导、规范设备操作，操作由持有上岗证的闸门运行工或熟练掌握操作技能的技术人员进行操作、监护，做到准确及时。

（6）电动、手摇两用启闭机人工操作前，应先断开电源；闭门时严禁松开制动器使闸门自由下落；闸门操作结束时，应立即取下摇柄或断开离合器。

（7）闸门开启接近最大开度或关闭接近闸底时，应注意及时停车，卷扬式启闭机可采用点按关停，螺杆式启闭机可采用手动关停；遇有闸门关闭不严现象，应查明原因并进行处理，螺杆式启闭机严禁强行顶压。

（8）规范填写工作日志，应记录下列内容：启闭依据、操作时间、操作人员、启闭顺序、闸门开度及历时、启闭机运行状态、上下游水位、流量、流态、异常或事故处理情况等；签字齐全，不得漏签和补签。

（9）运行操作人员数量和业务能力应满足安全运行要求，应熟练掌握设备操作规程和程序，具有事故应急处理能力及一般故障的排查能力，人员相对固定并定期组织业务培训。

（10）采用自动监控的水闸，应按照设定程序进行操作，控制程序符合操作流程和运行管理要求，并保留操作记录，形成操作全过程资料。

相关表格参照附录 F. 8、F. 9、F. 10。

三、评价要点

查看水闸工程运行日志、运行检查记录、闸门启闭操作记录、运行操作手册、运行操作人员上岗证和电力进网作业许可证等资料，评价水闸工程操作运行的规范性、记录的完整性。

（1）是否编制闸门及启闭设备操作规程，并在合适位置上墙明示。

（2）操作人员是否相对固定，是否组织对闸门及启闭设备操作规程进行培训和学习。

（3）闸门及启闭设备的操作是否规范，开闸预警、工程检查、设备操作等工作是否到位，闸门操作是否规范；操作完成后，是否按要求及时反馈操作结果。

（4）水闸操作运行相关的操作票和记录是否完整、规范，签字是否齐全，归档是否及时。

（5）是否编制详细的操作手册。

第五章
管理保障

第五章　管理保障

水闸工程标准化管理的管理保障方面主要包括管理体制、标准化工作手册、规章制度、经费保障、精神文明、档案管理等内容。

第一节　管理体制

标准化基本要求：管理主体明确，责任落实到人；岗位设置和人员满足运行管理需要。

一、评价内容及要求

管理体制顺畅，权责明晰，责任落实；管养机制健全，岗位设置合理，人员满足工程管理需要；管理单位有职工培训计划并按计划落实。

二、工作要点

（1）水管单位及内设机构经上级批准，明确单位定性、管理职责、人员编制、岗位设置等。

（2）水利工程管理岗位设置、人员配置及能力满足工程管理需要。

（3）积极推行水利工程管养分离，实现维修养护社会化、专业化，提高管护水平，降低运行成本。

（4）制定培训计划，并按计划落实。培训计划要针对工作需求，明确培训内容、方式、人员、时间，以及培训效果评价等，职工年培训率不得低于50%。新员工上岗前应接受岗前培训和三级安全教育培训。

（5）闸门运行工、特种作业人员、水行政执法人员、财务管理人员、档案管理人员等应通过专业培训，获得具备发证资质的机构颁发的资格证书。

三、评价要点

查看水管单位成立、内设机构设置、岗位设置与岗位职责、人员配置和人员持证、单位年度培训计划、培训台账、工程“管养分离”及委托管理等相关文件资料，评价水管单位主体是否明确，责任是否落实，岗位设置和人员是否满足运行管理需要。

（1）管理体制是否顺畅，管理机构是否健全，是否明确单位性质、管理职责、人员编制、岗位设置等。

（2）是否按《水利工程管理单位定岗标准》设定水闸工程管理岗位，并明确岗位职责，岗位职责是否清晰，管理人员配置及能力是否满足工程运行管理需要。

（3）水闸运行管理机制是否健全，是否实现工程管养分离，实现维修养护社会化、专业化。

（4）是否制定培训计划，并按计划落实。培训计划是否针对工作需求；新员工上岗前是否接受岗前培训和三级安全教育培训。

（5）闸门运行工、特种作业人员、水行政执法人员、财务管理人员、档案管理人员等是否通过专业培训，是否获得具备发证资质的机构颁发的资格证书。

第二节　标准化工作手册

标准化基本要求：编制标准化管理工作手册，满足运行管理需要。

一、评价内容及要求

按照有关标准及文件要求，编制标准化管理工作手册，细化到管理事项、管理程序和管理岗位，针对性和执行性强。

二、工作要点

（1）水管单位应结合工程运行管理实际，组织编制标准化工作手册，并报上级主管部门批准。

（2）标准化管理工作手册应符合《水利工程标准化管理工作手册示范文本编制要点（水闸工程）》及省级水行政主管部门或流域管理机构的水利工程标准化工作手册示范文本要求。

（3）水利工程标准化管理工作手册宜分为管理手册、制度手册、操作手册等三个分册。

①管理手册应明确管理组织、职责和管理事项。管理手册包括工程和管理设施情况、单位概况、管理事项及“管理事项-岗位-部门-人员”对应表等。从梳理工作管理事项与要求着手，明确与水闸工程运行管理相关的管理事项，并把管理事项落实到具体岗位和人员，做到岗位、人员、管理事项、制度相对应。

②制度手册主要包括安全管理类、运行管护类、综合管理类等管理制度；制定的制度应规范所有管理事项的行为，符合水闸工程的特点和运行管理工作的实际情况，具有针对性和可操作性；一项管理制度可仅涉及一个管理事项，也可涉及多个管理事项。

③操作手册应明确水闸工程每个管理事项的范围及内容、标准及要求、记录及档案。范围及内容简明扼要，表述清晰；标准及要求符合规程规范，工作流程科学、合理、闭环；记录及档案准确完整。管理事项一般应编制操作规程、工作流程图或表单，简单文字能表述清楚的可不绘制工作流程图。

（4）水管单位应按照标准化管理工作手册开展各项工作，形成的各类记录台账标准规范，反映实际管理情况。

（5）当管理条件改变和工程设备设施更新改造后，应及时修订标准化管理工作手册。

标准化管理工程手册示范文本参照附录C。

三、评价要点

查看水闸标准化管理工作手册（包括管理手册、制度手册、操作手册），以及其他管理事项的相关材料等，评价水闸标准化管理工作手册是否满足标准化管理要求。

（1）水管单位是否按水闸标准化管理的要求组织编制标准化管理工作手册。

（2）管理手册是否明确水管单位的性质、隶属关系及管理权限；是否明确水管单位的组织框架、职责分工、人员配备等内容；各管理事项的职责是否具体落实到人，做到岗位、人员、管理事项、制度相对应；是否编制了“管理事项–岗位–部门–人员”对应表。

（3）管理事项梳理划分是否科学、合理、全面、清晰，是否符合水闸管理实际。

（4）是否建立健全水闸管理各项制度，编制制度手册。管理制度是否具有针对性和可操作性。

（5）操作手册是否明确工作内容、流程和作业方法。是否按照管理事项逐一编制，是否明确每个环节的操作要求，制定工作流程是否合理，是否具有针对性和可操作性。

（6）管理人员是否熟知与自身岗位相关的工作内容、要求及工作流程。是否按照标准化管理工作手册中的要求开展各项工作，形成的各类记录台账是否标准规范，是否反映实际管理情况。

（7）标准化管理工作手册是否按照实际情况及时修订完善。

第三节　规章制度

标准化基本要求：管理制度应满足需要，并明示关键制度和规程。

一、评价内容及要求

建立健全并不断完善各项管理制度，内容完整，要求明确，按规定明示关键制度和规程。

二、工作要点

（1）建立健全刚性的制度体系，内容和深度应满足工程管理需要，可操作性强。

（2）水闸管理规章制度主要包括安全管理类、运行管护类和综合管理类；涉及控制运用、工程检查、安全监测、维修养护、设备管理、安全管理、档案管理、水政管理、教育培训、岗位管理、内部管理、精神文明、财务管理等方面。

（3）规章制度编制的一般要求如下：

①根据国家的法律法规、行业规范和相关规定，结合工程实际，制定各项规章制度。

②契合日常管理的各个方面，注重各项制度之间的配套衔接，形成完整的规章制度体系。

③规章制度制定流程包括起草、会签、审核、印发等。

④规章制度的条文应规定该项工作的内容、程序、方法，紧密结合工程实际，具有较强的针对性和可操作性，关键制度和规程按规定明示。

（4）加强制度学习与执行，对执行效果进行评估、总结，当工程状况或管理要求发生变化时及时修订完善。

三、评价要点

查看各项管理制度（制度手册）和关键制度明示现场，评价管理制度是否满足需要，是否明示关键制度和操作规程。

（1）是否建立健全了水闸管理的制度体系，内容和深度是否满足工程管理需要，是否具有针对性和可操作性。

（2）水闸工程检查、安全监测、防汛值班、安全生产及闸门操作规程等关键制度和规程是否在合适的位置明示。

（3）水闸实际运行管理工作是否符合相关制度，是否制定制度执行情况检查计划表，检查制度的落实与执行效果是否良好。

（4）是否组织对制度及时修订完善。

第四节　经费保障

标准化基本要求：工程运行管理经费和维修养护经费满足工程管护需要；人员工资足额兑现。

一、评价内容及要求

管理单位运行管理经费和工程维修养护经费及时足额保障，满足工程管护需要，来源渠道畅通稳定，财务管理规范；人员工资按时足额兑现，福利待遇不低于当地平均水平，按规定落实职工养老、医疗等社会保险。

二、工作要点

（1）运行管理经费和工程维修养护经费来源渠道稳定，能够及时足额到位，满足工程管护需要；有主管部门批准的年度预算计划。

（2）财务管理责任明确，制度健全，会计信息真实可靠、内容完整，基础工作规范；经费专款专用。

（3）按时足额发放人员工资，福利待遇不低于当地城镇居民平均水平。

（4）按规定办理养老、医疗、失业、工伤、生育等社会保险和住房公积金。

三、评价要点

查阅水管单位相关财务管理制度，财务检查与审计报告，会计报表、账册及会计凭证、银行对账单等，工资、福利发放表，养老、医疗、失业、工伤、生育等社会保险结算凭证，住房公积金汇缴凭证等，评价工程运行管理经费和维修养护经费是否满足工程管护需要；人员工资是否足额兑现。

（1）工程运行管理与维修养护的预算编制是否满足工程运行和维修养护实际需要，是否符合《水利工程维修养护定额标准》要求，水闸运行管理经费来源渠道是否畅通稳定。

（2）是否存在因养护经费不足导致工程维修养护不到位的情况。

（3）运行管理、维修养护等经费使用是否规范，财务检查是否发现违法违纪行为。

（4）是否按时足额发放人员工资，福利待遇是否高于当地城镇居民平均水平。

（5）是否按规定为职工办理养老、医疗、失业、工伤、生育等社会保险和住房公积金。

第五节　精神文明

标准化基本要求：基层党建工作扎实，领导班子团结；单位秩序良好，职工爱岗敬业。

一、评价内容及要求

重视党建工作，注重精神文明和水文化建设，管理单位内部秩序良好，领导班子团结，职工爱岗敬业，文体活动丰富。

二、工作要点

（1）健全完善党委（党组）理论学习中心组学习制度，严格落实“三会一课”制度，定期开展党员集中学习教育。规范开展支部建设和党建活动，台账资料齐全，上级党组织定期对基层党支部开展考核，并做好党建宣传阵地建设工作。

（2）建立健全教育、制度、监督并重的惩治和预防腐败体系，深入开展党风廉政建设工作。

（3）结合单位实际编制实施水文化、风景区建设规划或方案，挖掘水文化资源，展示治水成果，弘扬治水精神，普及水利知识，开展水情教育，建设水利风景区。

（4）广泛开展社会主义核心价值观学习宣传和教育实践活动，有浓厚的社会主义核心价值观建设氛围。制定精神文明工作计划，开展精神文明创建活动，大力倡导社会公德、职业道德、家庭美德、个人品德。

（5）领导班子团结，分工明确，各司其职。按照“党政同责，一岗双责”的要求，认真履行岗位职责，领导班子考核合格，成员无违规违纪行为。

（6）加强职工教育引导，提高职工的政治思想觉悟和道德素养，营造遵纪守法、热爱集体、团结友善、敬业爱岗、争先创优的良好氛围。

（7）设立文体设施，结合传统节日、重要纪念日、重大节庆活动等，开展形式多样、健康有益的文体活动；积极参加“全民阅读”“全民健身”活动，职工参与度高。

三、评价要点

查看水管单位领导班子近2年考核资料，领导班子各类政治理论、业务学习资料，领导班子成员无党纪政纪处分证明，党建及党风廉政建设责任状，基层党组织党建工作相关佐证资料，精神文明创建活动台账资料，水文化建设方案及实施台账等。

（1）评价党风廉政建设，是否存在领导班子成员违规违纪行为，领导班子成员是否有受到党纪政纪处分情况。

（2）上级主管部门对单位领导班子的年度考核是否存在不合格的情况。

（3）单位工作纪律与秩序是否良好。

（4）是否积极推进精神文明和水文化建设。

第六节　档案管理

标准化基本要求：档案有集中存放场所，档案管理人员落实，档案设施完好；档案资料规范齐全，存放管理有序。

一、评价内容及要求

档案管理制度健全，配备档案管理人员；档案设施完好，各类档案分类清楚，存放有序，管理规范；档案管理信息化程度高。

二、工作要点

（1）档案管理制度应包括档案阅卷归档、保管、保密、查阅、鉴定、销毁制度等。

（2）档案室要求库房、办公、阅览“三室分开”，做到“防盗、防火、防水、防潮、防尘、防蛀、防鼠、防高温、防强光”。库房内要求配置空调、抽湿机、碎纸机、档案柜、温湿度仪、防盗报警器、防爆白炽灯、防紫外线窗帘等专用设施，办公室配有电脑、打印机等设备。

（3）档案的分类合理，一般分文书档案、科技档案、专业档案、声像档案、电子档案、实物档案等。

（4）档案要有专人管理（可以兼职），并持证上岗。

（5）档案的日常管理工作规范有序，档案案卷应排放有序，为了便于保管和利用档案，应对档案柜、架统一编号，编号一律从左到右，从上到下。同时，应对档案室内保存的档案编制存放地点索引。做好档案的收进、移出、利用等日常的登记、统计工作。对特殊载体档案应按照有关规定进行验收、保存和定期检查。

（6）加强档案信息化建设，实现档案目录电子检索，重要科技档案、图纸等资料应实施电子化。

（7）严格执行档案借阅制度，借阅、归还登记记录齐全，档案利用率高，效益显著。

相关表格参照附录F.11档案管理相关记录表格。

三、评价要点

查阅水管单位档案管理制度、工程档案分布图、档案管理人员持证及培训、档案达标创建资料及证书、档案管理分类方案、工程档案全引目录、档案借阅登记表等。

（1）是否建立档案管理制度，档案管理是否规范，空调、抽湿机、碎纸机、档案柜、温湿度仪、防盗报警器、防爆白炽灯、防紫外线窗帘、电脑、打印机等设施设备是否齐全完好，环境卫生是否良好。

（2）档案管理人员是否熟知岗位职责、档案室管理、档案保管、保密、查阅、鉴定、销毁等工作的要求及流程；查阅档案管理人员资料，是否持证上岗。

（3）现场查看档案柜内资料，文书档案、科技档案、专业档案、声像档案、电子档案、实物档案等是否全面，是否做到存放分类有序，档案柜、架统一编号；查看借阅台账，借阅、归还登记记录是否齐全完备，利用率高低。

（4）现场查看档案管理信息化系统，档案管理人员是否能够线上检索工程建设、划界确权、工程检查、安全生产、维修养护等资料，重要科技档案、图纸等资料是否实现电子化。

第六章 信息化建设

第六章　信息化建设

水闸工程标准化管理信息化建设方面主要包括信息化平台建设、自动化监测预警、网络安全管理等内容。

第一节　信息化平台建设

标准化基本要求：应用工程信息化平台；实现工程信息动态管理。

一、评价内容及要求

建立工程管理信息化平台，实现工程在线监管和自动化控制；工程信息及时动态更新，与水利部相关平台实现信息融合共享、上下贯通。

二、工作要点

（1）根据水利部智慧水利建设和信息化建设等相关要求，遵循国家、水利行业信息化建设有关规定，结合本单位标准化管理需求，推进信息化建设。建立工程监视、自动控制和业务管理等系统，实现工程在线监管和自动化控制。信息化管理平台如图 6. 1-1 所示。

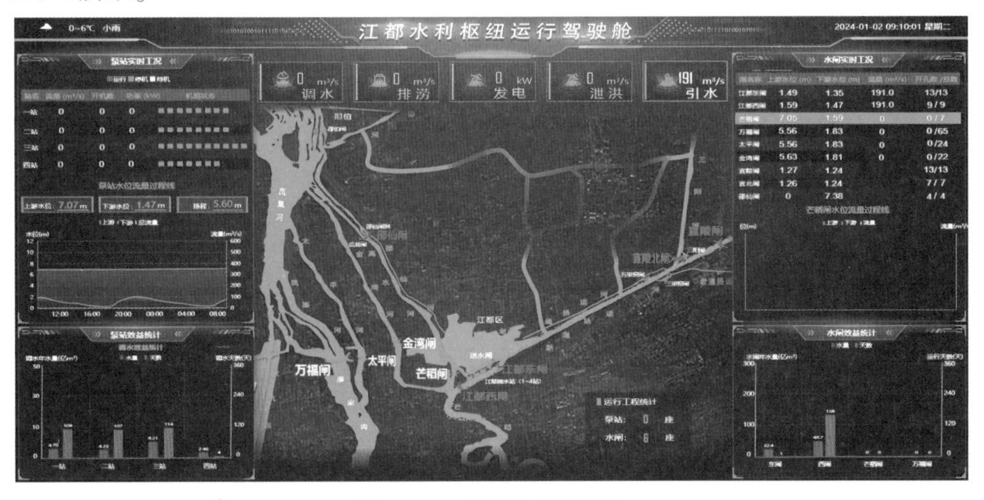

图 6. 1-1　信息化管理平台

（2）信息化平台建设力求安全可靠、实用先进，功能设置和内容要素符合水利工程管理标准和规定，能够满足工程安全高效运行和标准化管理的需要。业务管理平台如图 6. 1-2 所示。

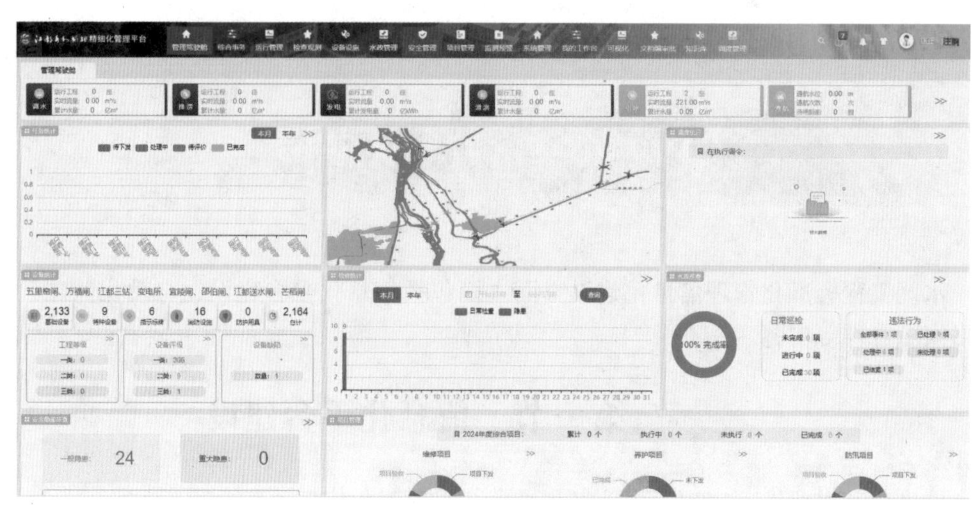

图 6.1-2　业务管理平台

(3) 信息化平台要结合水闸管理特点，客户端应符合业务操作习惯。系统具有清晰、简洁友好的中文人机交互界面，操作简便、灵活、易学易用，便于管理和维护。

(4) 信息化平台各功能模块以工作流程为主线，实现闭环式管理。不同功能模块间的相关数据应标准统一、互联共享，减少重复台账。

(5) 水闸上下游引河、闸孔、工作桥、公路桥、启闭机房、变配电室、机房及办公区等应安装视频监视，工程在线监管和自动化控制系统各执行元件动作可靠，各项测量数据准确，各种统计报表完整，运行正常，使用率高。

(6) 水闸工程在线监管和自动化控制系统操作权限明确，根据各自具体情况，制订计算机监控系统运行管理制度、操作规程和工作手册，关键制度上墙明示。

三、评价要点

通过水利部“堤防水闸基础信息数据库”（见图 6.1-3）核对注册登记信息，查阅信息化平台建设相关技术方案、实施材料、应用手册等，查看信息化平台及应用情况，评价水闸工程信息化平台建设情况。

(1) 是否应用信息化平台管理水闸工程。登录水利部“堤防水闸基础信息数据库”，查看该工程是否已经完成注册登记，水管单位与实际是否一致，各项业务模块信息是否填报，必填项是否有缺项。水管单位如未建设信息化平台，同时未开展上级信息化平台应用的，此项不得分，后续条款不再评价赋分。

(2) 是否建立水闸工程管理信息化平台。除水利部官方指定的信息化管理平台外是否有水管单位或主管部门自主建设的信息化管理平台，平台中是否有该工程，水闸工程信息是否一致，水管单位是否一致，是否有独立账号可以操作使用。

(3) 水管单位是否编制信息化管理平台建设方案、相关运行维护管理制度、操作规程和工作手册。

(4) 是否实现工程在线监管或自动化控制。通过信息化平台，查看水闸工程的自动化控制系统、视频监控系统、雨水情监测、水闸安全监测等管理事项是否实现在线监

图 6.1-3　堤防水闸基础信息数据库

管、监视、监测，是否具备自动化控制功能。

（5）工程信息是否做到准确、全面、实时。结合现场实际情况，核查信息化管理平台中的水闸工程的各项信息是否全面、要素是否齐全、数据是否准确、更新是否及时。

（6）平台信息是否实现融合共享。水管单位自建的信息化管理平台与各级水行政主管部门信息化平台信息是否协同一致，是否能够做到数据实时共享、互联互通。

第二节　自动化监测预警

标准化基本要求：监测监控基本信息录入平台；监测监控出现异常时及时采取措施。

一、评价内容及要求

雨水情、安全监测、视频监控等关键信息接入信息化平台，实现动态管理；监测监控数据异常时，能够自动识别险情，及时预报预警。

二、工作要点

（1）信息化平台要具有自动监测预警功能，采集工程雨水情、安全监测、视频监控等关键信息，对数据进行汇总、分析，根据数据阈值、趋势分析进行预报预警，实现动态管理。

（2）根据实际需要对水闸水位、流量、垂直位移、测压管水位等安全监测项目采用信息化手段，相关信息通过可靠方式接入信息化平台，实现水闸工程数据动态管理，如图 6. 2-1 所示。

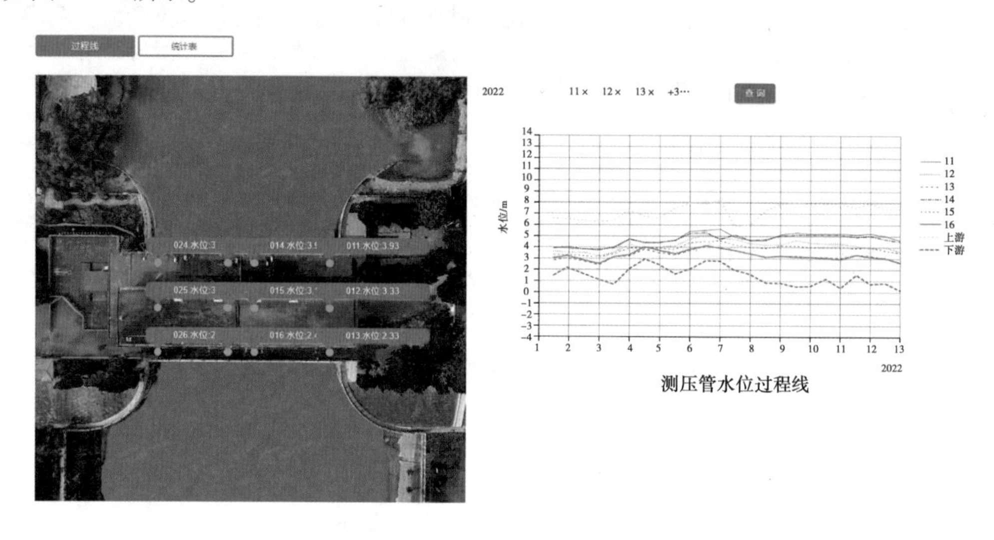

图 6. 2-1　安全监测界面

（3）系统实时显示过闸流量、水位，动态显示闸门开度等参数，展示启闭机负荷、闸门开度、过闸流量等运行曲线、变化过程线、趋势图等，实时反映工程运行工况，如图 6. 2-2 所示。

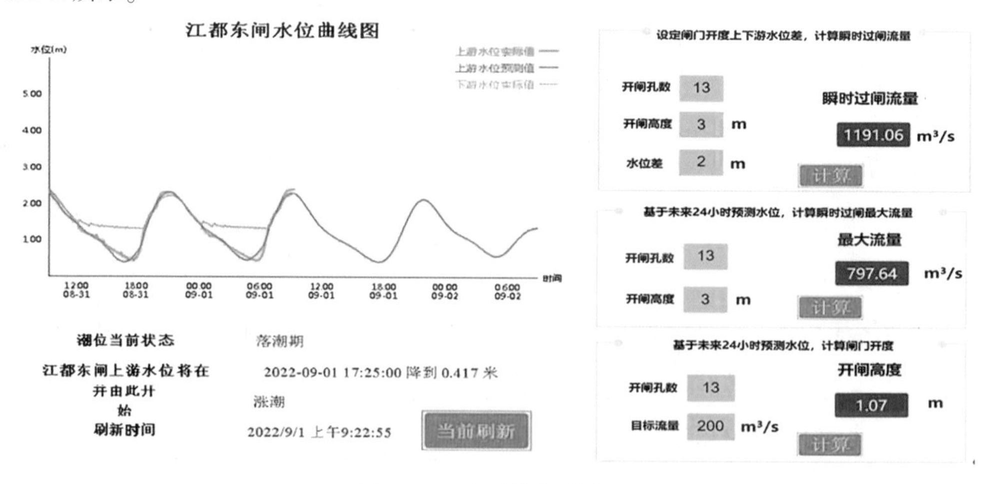

图 6. 2-2　实时信息系统

（4）系统对数据进行汇总、分析，根据数据阈值与实际值、设定值对比，设置越限报警、复限提示及有关参数的趋势报警。一旦报警发生，在信息平台上均弹出报警提示和简要报警说明，同时可在报警菜单内查询详细资料。

（5）水情自动测报设施、工程观测设施、监测设备运行正常，使用率高；数据采集、计算、分析准确及时；监测监控数据异常时，能够自动识别险情，及时预报预警。

(6) 历史数据应定期转录并存档，软件修改前后必须分别进行备份，并做好修改记录。

三、评价要点

查阅信息化平台建设相关技术方案、实施材料、应用手册等，了解自动监测预警功能设置，查看信息化平台自动监测预警功能的实际应用情况，评价水闸工程自动化监测预警水平。

(1) 监测设备是否已接入信息化平台。登录信息化平台，根据水闸工程安全监测相关规程规范要求，核查雨水情、安全监测、视频监控等关键信息是否接入信息化平台。

(2) 信息化平台是否具备自动识别功能。查看平台数据监测、治理、处理等相关功能模块，是否具备数据异常提醒功能，是否能够自动识别险情。

(3) 信息化平台是否具备预警预报功能。查看平台监测数据、险情识别、预警与处理历史记录，当出现数据异常时，是否可以自动识别险情，与工程预警预报、巡视检查、险情处置记录信息核对。

第三节 网络安全管理

标准化基本要求：制定并落实网络平台管理制度。

一、评价内容及要求

网络平台安全管理制度体系健全；网络安全防护措施完善。

二、工作要点

(1) 建立健全网络安全领导组织网络，制定网络安全管理制度，明确部门岗位网络安全职责分工和管理要求。

(2) 定期组织网络安全教育培训和技能考核，制订网络安全应急预案，开展网络安全演练。

(3) 根据信息化系统等级保护、网络安全、架构特征及运维保障的需求，形成信息化系统网络架构，对工程监控、业务管理分区建网，并与水利专网、互联网等实行区域管理、安全分区防控、等级分级保护，提升信息化系统纵深防御能力，如图 6.3-1 所示。

(4) 监控网应设置单向物理隔离装置。在监控网、水利网和互联网边界安全管理区增设网络防火墙、入侵防御系统、防病毒网关等多重网络安全设备，确保网络边界安全。

(5) 在监控网核心控制区设工业环网交换机，安装工业防病毒软件，多方位强化软件安全保障。

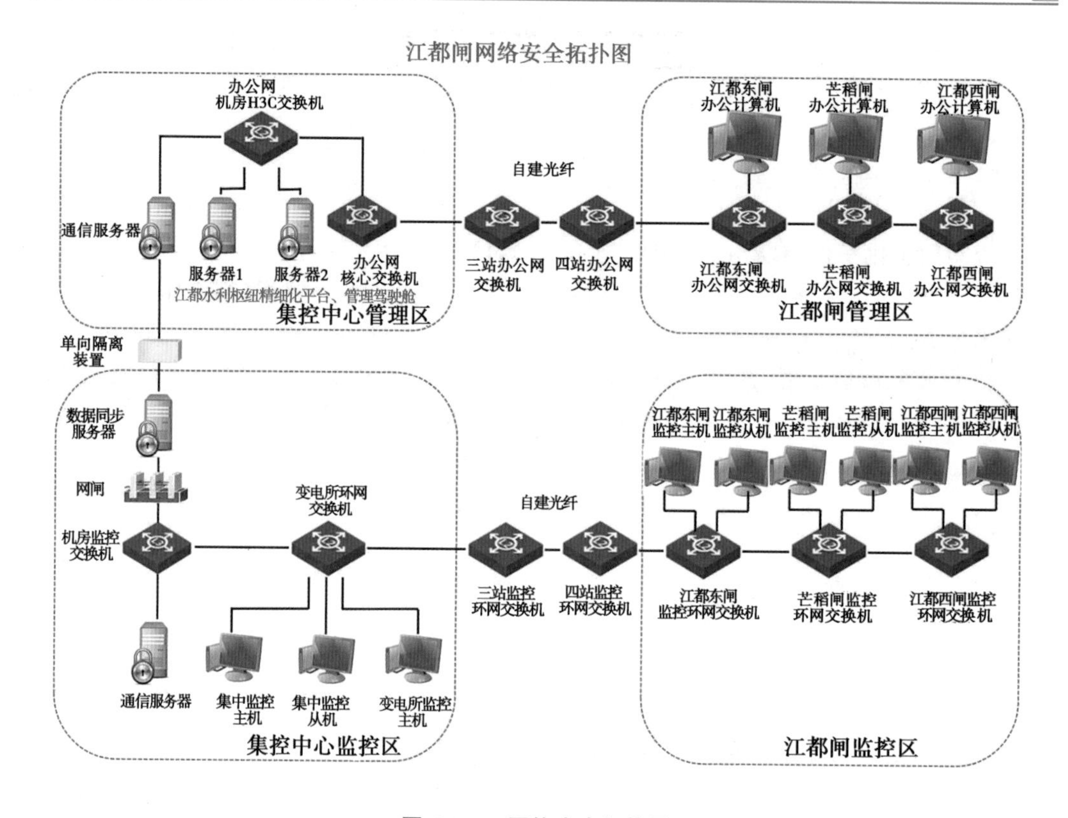

图 6.3-1　网络安全拓扑图

（6）委托有资质的专业单位承担网络安全维保、业务培训等服务，保持网络安全管理工作常态化。

（7）根据《中华人民共和国网络安全法》及信息安全相关政策，积极开展信息化系统安全等级保护测评工作。

三、评价要点

查阅网络平台总体架构、安全管理制度、网络安全培训、考核记录、网络安全应急预案、安全攻防演练、漏洞检测、网络安全等级保护测评等资料，评价水闸工程网络安全管理水平。

（1）是否建立网络平台安全管理制度体系。水管单位是否制定并印发网络平台安全管理制度；平台上的业务管理是否分区建网或配备水利专网；是否制定网络安全应急预案。

（2）网络安全防护措施是否存在漏洞。是否定期组织网络安全培训、演练，日常管理中发现的网络安全漏洞是否及时进行闭环处理。

（3）是否开展信息化系统安全等级保护测评工作，等级保护级别是否符合要求。

第七章 标准化管理创建和评价

第七章　标准化管理创建和评价

第一节　标准化管理工程创建

标准化管理工程创建是水管单位依照水闸工程标准化管理评价标准，明确创建范围、制定工作方案、实施标准化管理，从而达到水闸工程标准化管理评价要求的过程。

一、明确创建目标

按照《水利部关于推进水利工程标准化管理的指导意见》要求，2025 年底前，除尚未实施除险加固的病险工程外，大中型水闸工程基本实现标准化管理；2030 年底前，大中小型水闸工程全面实现标准化管理。创建单位应根据时间节点要求，结合工程管理实际情况，梳理所辖水闸工程规模和数量，科学合理确定每处工程申报评价的等级和年份。

二、组织领导及分工

为保证创建工作有序，协调单位相关职能部门，水管单位应成立领导小组，由主要负责人任组长。领导小组下设办公室，办公室可设在工程管理部门，负责组织、指导创建总体工作。领导小组可根据需要，下设各职能组，明确组长、责任部门、主要职责及分工。

三、制定工作方案

水管单位应制定明确的创建工作方案和创建计划，构建制度标准体系，明确岗位职责划分，确定标准化管理流程，编制标准化管理工作手册，确定保障措施。

（一）制定工程创建计划

水管单位应根据本单位的创建目标，制定各工程创建具体计划，明确总体计划与重要节点目标，绘制进度计划横道图。创建总体计划应划分到各阶段，重要节点目标应时间细化到旬、责任具体到人、任务明确到事，确保计划切合实际、可操作性强。

（二）构建制度标准体系

水管单位应根据现行法律法规、规章制度、规程规范与设备说明书要求，在水闸工程标准化管理评价标准的基础上，健全各项管理制度，建立管理标准体系。

（三）明确岗位职责划分

水管单位应明确所辖工程运行管理包含的所有管理事项，根据单位定岗标准科学设置岗位，明确岗位数量及岗位职责，把管理事项落实到岗位人员，做到管理事项、管理制度、岗位责任、岗位人员相对应。

（四）确定标准化管理流程

水管单位应明确各项工作标准化管理实施的流程及要点，分解工程运行管理各类工作过程和管理事项，落实工作流程中的工作要求和责任主体，流程要闭合，明确工作开始条件、结束条件和关键环节，使工作流程程序化。通过运用框架图、流程图和表格，使工程运行管理过程简单明了，对特别简单的管理事项可用文字描述。

（五）编制标准化管理工作手册

编制标准化管理工作手册是创建标准化过程的重要事项，手册编写质量是评价的重要内容，直接影响标准化管理工作效果。水管单位应按照相关标准要求和水利部《水利工程标准化管理工作手册示范文本编制要点（水闸工程）》，结合工程管理实际情况编制标准化管理工作手册，内容翔实，文字简明，工作要求应覆盖工程运行管理的各个方面、关键环节和重要节点，以实用性和可操作性为特点，便于操作和应用，确保手册针对性和可操作性强。手册建议分为管理手册、制度手册、操作手册三个分册。各水管单位可根据所管辖工程和管理事项的实际情况确定分册数和具体内容。管理手册宜包括工程和管理设施情况、单位概况、管理事项等，并形成“管理事项–岗位–部门–人员”对应表。制度手册应涵盖安全管理类、运行管护类和综合管理类的全部工作事项。操作手册是为了全面落实各项管理制度从操作层面提出的方法、程序、步骤及注意事项等要求。

（六）落实保障措施

(1) 加强组织领导。由水管单位成立的标准化管理领导小组全面负责标准化管理工程创建工作，定期召开工作会议，加强统筹协调，建立部门协作、自上而下的推进机制。

(2) 加大培训力度。认真组织学习水利部和省级、流域机构关于水利工程标准化管理的相关文件，加强宣传贯彻落实，选取典型示范工程开展现场教学，促进互学互鉴，形成推动标准化管理工作合力。

(3) 落实经费保障。根据创建需要，多渠道筹措运行管护资金，确保经费落实到位，并保障专款专用。

(4) 积极督导落实。将标准化管理工作纳入年度工作考核范围，上级主管部门强化跟踪指导与评价，确保水管单位的创建方案科学有效，创建进度有序推进，节点任务按时保质完成。

(5) 强化激励措施。将标准化管理创建成果作为单位及个人业绩考核、职称评定等重要依据。

四、组织实施方案

创建工作方案制定后，水管单位应按照工作方案开展标准化创建，对照评价标准，排查问题缺项，及时完成整改，整理创建备查资料。

（一）方案实施

水管单位应根据制定的标准化管理工作手册与明确的创建目标、计划等有序实施，严格落实组织、技术、经费等保障措施，对标对表高质量开展各项创建工作。对照标准化管理工作手册要求，加强工程运行管理，按规定及时开展工程安全鉴定，深入开展隐患排查治理，加快病险工程除险加固，加强工程度汛和安全生产管理，保障工程实体安全；规范工程巡视检查、监测监控、操作运用、维修养护和生物防治等活动；划定工程管理与保护范围，加强环境整治；健全并严格落实运行管理各项制度，切实强化人员、经费保障，改善办公条件；加强数字化、网络化、智能化应用，不断提升在线监管、自动化控制和预警预报水平，落实网络安全管理责任，确保水闸工程整体所有事项严格执行管理标准，满足管理标准要求。

（二）问题查找与整改

水管单位要对照标准化评价标准，检查水闸工程制度落实、工程外貌和运行管理资料的问题，建立问题整改台账。水闸工程外貌问题可分为立行立改和限期整改两类；运行管理资料问题可分为立行立改、限期整改和长期坚持三类。针对不同问题，水管单位应当分别制定整改方案，明确整改责任人、完成时限，并按时逐条整改到位。立行立改与限期整改问题应当到期检查整改情况，长期坚持问题需要定期检查整改情况。

（三）资料整编

水管单位应根据评价标准与档案管理要求认真准备相关资料，梳理资料目录，按类别归类整理。水闸工程整体资料按工程状况、安全管理、运行管护、管理保障、信息化建设 5 个类别 28 个项目进行准备。除已明确的资料年限外，资料年限应按近 2 年度（含本年）资料准备。

五、开展自评和整改

工作方案实施后，水管单位对照工程设计文件、竣工验收文件、行业标准、省级管理标准，查找问题，形成问题台账，并按照水利部评价标准或省级等相应评价标准，从工程状况、安全管理、运行管护、管理保障和信息化建设等五大方面，对工程开展自评，编写自评报告（见附录 I. 1 ）。对工程形象面貌、设备设施、标识标牌和管理场区进行拍照或录像，可制作成幻灯片（PPT）或视频等。

自评结果总分达到 920 分（含）以上，且工程状况、安全管理、运行管护、管理保障评价得分不低于该类别总分的 85%的，可向上级主管部门逐级申报标准化管理评价。

结合自评存在问题和省级初评专家组意见，制定整改措施和时限，整改落实到位。

水利部标准化管理创建工作流程图如图 7. 1-1 所示。

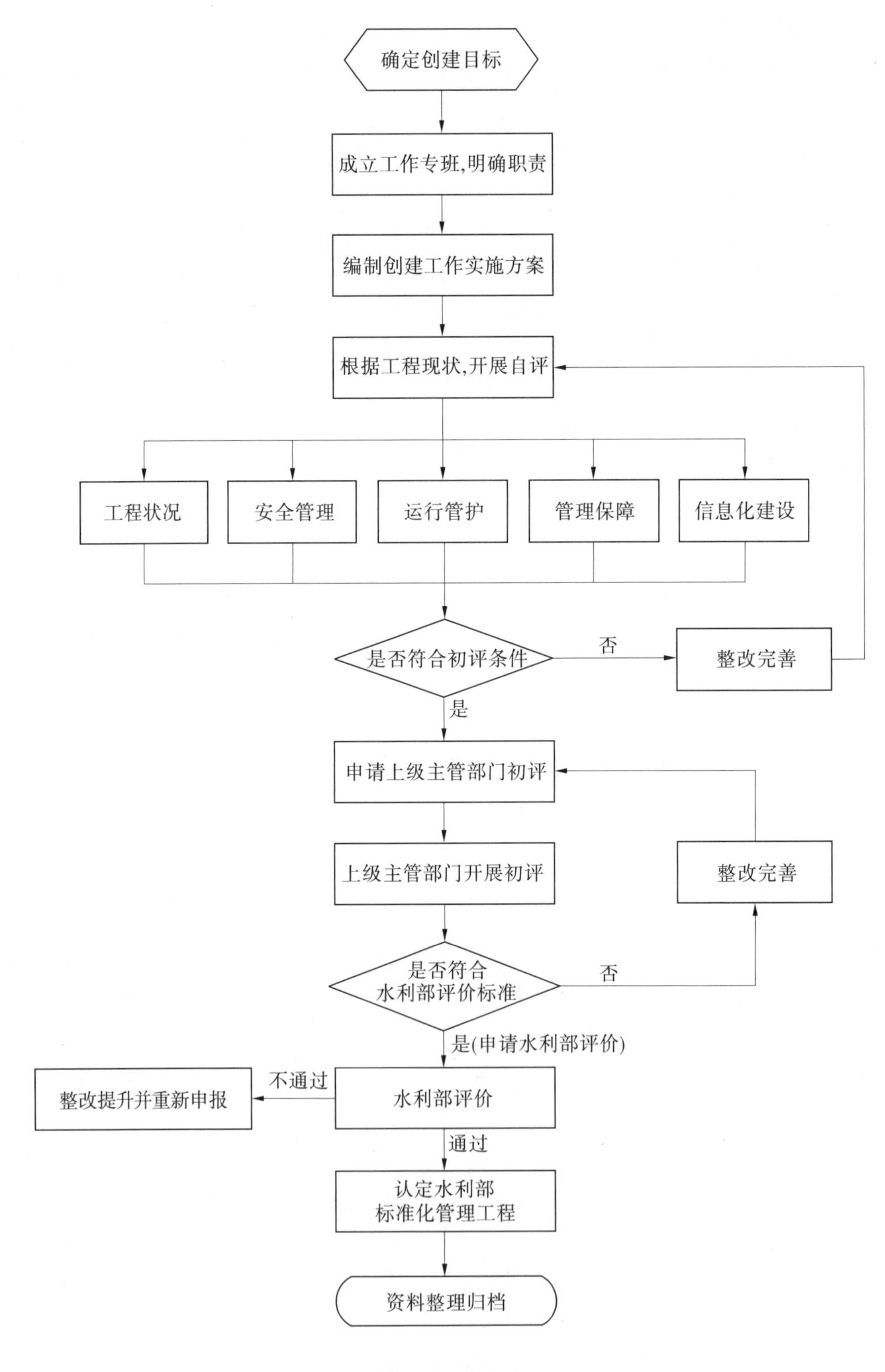

图 7.1-1　水利部标准化管理创建工作流程图

六、提升整体管理水平

在标准化管理创建时，保持工程整体完好，管理范围整洁有序，工程设备设施应保养良好，设备有专人负责定期检查、维修，对在用、备用、封存和闲置的设备，应定期进行除尘、防潮、防腐蚀等维护保养工作，启闭设备整洁，闸门启闭顺畅，止水正常，表面整洁，无裂纹，无明显变形。及时更换出现破损、倾斜、变形、变色、老化等问题的标识标牌。上下游河道无明显淤积或冲刷；两岸堤防完整、完好。

水管单位可根据工程管理区范围所处地理位置、周边环境等情况，组织编制绿化规划，将改善工程环境与景观设计有机结合，促进工程整体外观形象面貌提升。

有条件的可结合“美丽乡村”“水利风景区”建设等，充分利用当地自然资源、环境条件，结合当地文化特色，精心设计，打造美丽水利工程，展示水景观、丰富水文化。

水闸工程标准化管理创建展示如图 7. 1-2~图 7. 1-6 所示。

(a)

(b)

图 7. 1-2　闸室及两岸工程面貌

(a)

(b)

图 7. 1-3　闸门

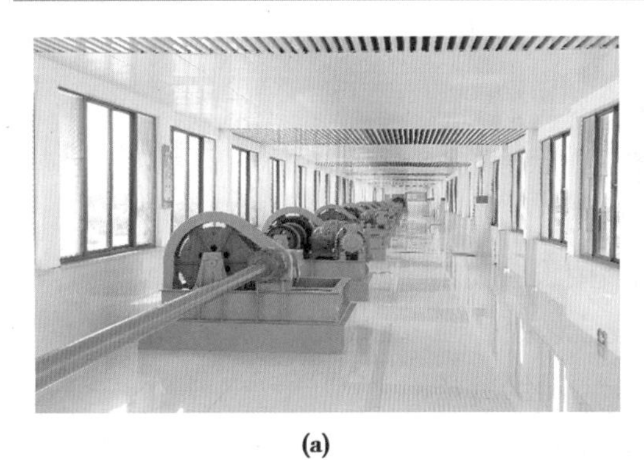

(a)

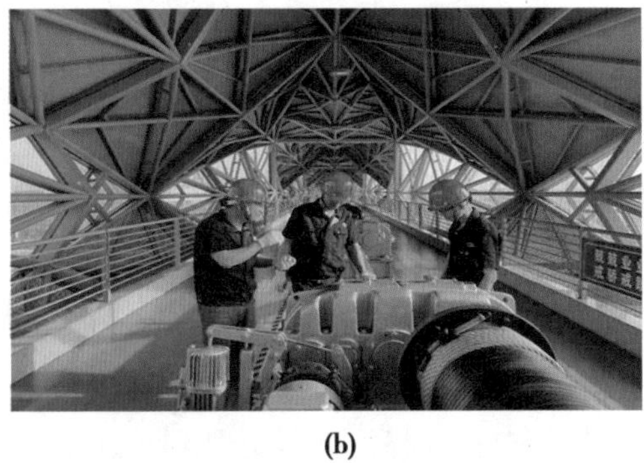

(b)

图 7.1-4　闸门启闭设备

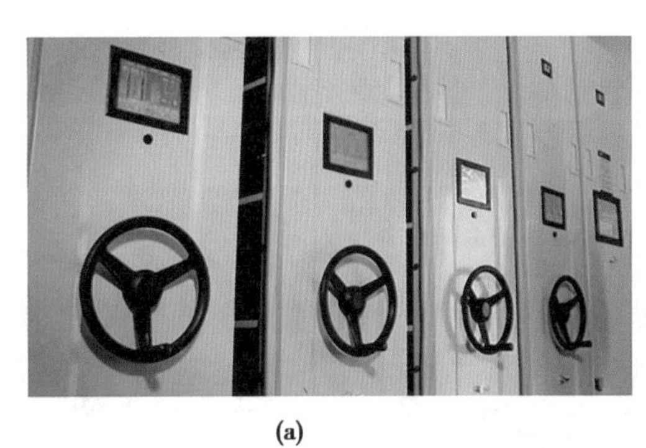

(a)

(b)

图 7.1-5　档案室

图 7.1-6　信息化系统控制室

第二节　评价支撑资料

评价工作开展前，水管单位应根据评价标准整理近2年度（含本年）的支撑资料（有明确年限要求除外），建议编制评价项目支撑资料的目录索引，同时在每个项目资料前，附上该项目基本情况说明与自评赋分理由。

水闸工程标准化管理评价支撑资料参考清单如下。

一、工程状况

（一）工程面貌与环境

（1）工程面貌、外观、环境等检查记录；

（2）工程面貌、外观、环境等维修养护资料；

（3）工程规划布局、建设、水土保持等资料；

（4）卫生保洁、绿化养护等管理资料。

（二）闸室

（1）水闸工程闸室维修养护资料；

（2）水闸工程闸室观测资料；

（3）水闸工程闸室日常检查记录表；

（4）水闸工程闸室定期检查表；

（5）水闸工程闸室专项检查表；

（6）水闸工程闸室水下检查记录表；

（7）水闸工程闸室结构表面完好图片资料。

（三）闸门

（1）水闸工程闸门维修养护资料；

（2）水闸工程闸门检修试验记录表；

（3）水闸工程闸门日常检查记录表；

（4）水闸工程闸门定期检查表；

（5）水闸工程闸门专项检查表；

（6）水闸工程闸门安全检测、等级评定资料；

（7）水闸工程闸门结构表面完好图片资料。

（四）启闭机及机电设备

（1）水闸工程启闭机、电气设备维修养护资料；

（2）水闸工程启闭机、电气设备检修试验记录表；

（3）水闸工程启闭机、电气设备日常检查记录表；

（4）水闸工程启闭机、电气设备定期检查表；

（5）水闸工程启闭机、电气设备专项检查表；

（6）水闸工程油浸变压器油质化验报告；

（7）水闸工程高低压配电设备、高压电缆、仪表、安全工具试验报告；

（8）水闸工程防雷检测报告；
（9）水闸工程备用电源定期试机记录；
（10）水闸工程配电房停、送电操作记录；
（11）水闸工程检修工作票；
（12）水闸工程启闭机、电气设备、备用电源等完好图片资料。

（五）上下游河道和堤防

（1）水闸工程河道和堤防日常检查记录表；
（2）水闸工程河道和堤防定期检查记录表；
（3）水闸工程河道和堤防专项检查记录表；
（4）水闸工程河道和堤防维修养护资料；
（5）水闸工程河道观测资料；
（6）水闸工程河道及堤防完好图片资料。

（六）管理设施

（1）管理用房情况统计表；
（2）庭院平面布置示意图或楼层分布图表；
（3）庭院各区域现状照片；
（4）庭院绿化覆盖率统计表；
（5）庭院卫生管理、节水、活动室管理、食堂管理、车辆停放等各项管理制度；
（6）取得的荣誉奖项证书、文件；
（7）管理设施设备统计表；
（8）管理设施设备现状照片；
（9）水闸工程防雷接地检测报告；
（10）水闸工程管理设施完好图片资料。

（七）标识标牌

（1）标识标牌情况简介（设计、布局标准）；
（2）各类标识标牌规格、位置、数量等基本信息统计；
（3）各类标识标牌现状照片；
（4）标识标牌检查维护记录。

二、安全管理

（八）注册登记

（1）水闸注册登记表；
（2）水闸注册登记证；
（3）水闸注册登记变更事项登记表。

（九）工程划界

（1）工程管理范围划界图纸（明确管理范围和保护范围）；
（2）土地使用证（不动产权证）统计表；
（3）管理范围内土地使用证或不动产权证；

(4) 工程管理范围界桩统计表和分布图；
(5) 管理范围内测量控制点、界桩、公告牌图例。

(十) 保护管理

(1) 水政监察队机构成立及人员设置文件；
(2) 行政执法证；
(3) 水政监察证；
(4) 水政执法巡查方案；
(5) 水政执法巡查记录；
(6) 水行政执法巡查月报表；
(7) 行政处罚案件台账；
(8) 水法规宣传标语、警示标志标牌统计表及检查记录；
(9) 管理范围内建设项目请示、审查审批、行政许可资料；
(10) 管理范围内建设项目竣工验收资料。

(十一) 安全鉴定

(1) 上级水行政主管部门审定文件；
(2) 水闸安全评价报告；
(3) 水闸安全鉴定报告书；
(4) 安全鉴定报告书中整改落实情况证明材料；
(5) 水闸工程隐患情况统计表。

(十二) 防汛管理

(1) 防汛抗旱组织机构设置文件；
(2) 防汛抗旱管理办法；
(3) 防汛抢险人员学习培训资料（计划、学习、演练、考核评估）；
(4) 关于同意《××××年度防汛防旱应急预案》的批复；
(5) 防汛抗旱应急预案；
(6) 防汛物资代储协议；
(7) 防汛物资储备测算清单；
(8) 自储防汛物资清单；
(9) 防汛物资管理制度；
(10) 仓库管理人员岗位职责；
(11) 防汛物资调运方案；
(12) 防汛仓库物资分布图；
(13) 防汛物资调运线路图；
(14) 防汛物资管理台账；
(15) 防汛物资、抢险机具检查保养记录；
(16) 备用电源试车、维修保养记录；
(17) 防汛抗旱工作总结和评价。

（十三）安全生产

（1）安全生产机构体系文件、管理制度；
（2）安全生产委员会成员职责及领导班子安全生产责任清单；
（3）安全生产责任书、部门安全生产目标责任状、安全生产个人承诺书；
（4）安全生产责任人公示情况；
（5）安全生产综合预案、专项预案、现场处置方案；
（6）隐患排查行动方案、治理记录、工作总结；
（7）各项安全检查记录台账、整改回执、报告；
（8）安全培训计划、培训记录、总结；
（9）安全生产宣传活动方案、活动照片、总结；
（10）危险源辨识牌统计表、照片；
（11）工程危险源辨识与风险评价报告；
（12）安全警示警告标识标牌统计表、照片；
（13）安全设施及器具配备定期检验合格证、检验报告、台账、照片；
（14）安全生产应急预案演练方案、批复报备文件、演练记录、效果评估；
（15）安全生产标准化等级证书；
（16）特种设备统计表；
（17）特种设备检验报告；
（18）特种作业人员持证上岗情况统计表。

三、运行管护

（十四）管理细则

（1）工程技术管理实施细则；
（2）关于请求审批《×××水闸工程技术管理实施细则》的请示；
（3）关于批复《×××水闸工程技术管理实施细则》的通知。

（十五）工程巡查

（1）水闸工程检查制度的相关内容；
（2）水闸工程日常巡视检查路线图；
（3）水闸工程日常巡视记录表；
（4）水闸工程经常检查记录表；
（5）水闸工程定期检查报告及检查表；
（6）水闸工程专项检查报告及检查记录等；
（7）水闸工程水下检查报告及相关声像图片资料。

（十六）安全监测

（1）水闸工程观测单位及人员资质证书；
（2）水闸工程观测手簿；
（3）水闸工程观测资料汇编及上级部门评定资料等；
（4）水闸工程观测设施分布图；

（5）水闸工程观测设施日常检查记录；

（6）水闸工程观测设施维修养护记录；

（7）水闸工程自动化观测设施维修养护记录等；

（8）水闸工程观测设施、设备、仪器定期检验，状况完好资料；

（9）自动化观测设施人工比测资料。

（十七）维修养护

（1）工程维修项目管理办法及批复文件；

（2）维修养护预算方案、设计及批复文件；

（3）维修养护招标公告、中标通知书等招标投标资料；

（4）维修养护施工合同、开工资料、会议纪要、维修养护日志、检测等过程记录资料；

（5）维修养护监理合同、监理日志、监理工作报告等资料；

（6）维修养护检查、考核等相关资料；

（7）水闸工程检修试验记录表。

（十八）控制运用

（1）水闸工程调度方案及批复文件；

（2）水闸控制运用计划及批复文件（有用水需要的渠首闸和供水任务的水闸）；

（3）工程调度指令和执行记录；

（4）水闸工程应急运用方案；

（5）水闸工程年度运行时间及水量统计。

（十九）操作运行

（1）水闸工程运行操作规程；

（2）水闸工程运行日志；

（3）水闸工程运行检查记录；

（4）水闸工程闸门启闭操作记录；

（5）水闸工程配电房操作记录；

（6）水闸运行操作人员上岗证和电力进网作业许可证等；

（7）水闸工程运行操作人员培训记录；

（8）水闸运行操作手册。

四、管理保障

（二十）管理体制

（1）水管单位成立及岗位设置的相关文件资料；

（2）水管单位的资证材料；

（3）水管单位内设机构设置的相关文件资料；

（4）水管单位人员配置相关文件资料；

（5）水管单位人员在岗证明材料；

（6）水管单位人员持证情况相关资料；

（7）水管单位年度培训计划、培训台账和培训总结等；
（8）工程“管养分离”相关文件及委托管理的资料。

（二十一）标准化工作手册

（1）标准化管理工作手册（管理手册、制度手册、操作手册）；
（2）控制运用工作手册；
（3）工程检查工作手册；
（4）安全监测工作手册；
（5）维修养护工作手册；
（6）调度记录、观测资料、检查记录、维修养护项目管理卡等；
（7）颁发或报备文件、总结、记录等。

（二十二）规章制度

（1）制度手册（管理制度汇编）：工程管理细则、控制运用制度、工程检查制度、工程观测制度、维修养护制度、设备管理制度、安全生产管理制度、档案管理制度、水政管理制度、教育培训制度、岗位责任制、闸门启闭操作规程、配电设备操作规程、柴油发电机组操作规程；
（2）颁发或报备文件；
（3）制度修订记录；
（4）关键制度上墙明示照片。

（二十三）经费保障

（1）单位部门预算及批复文件；
（2）维修养护经费测算及批复文件；
（3）经费使用情况的文件资料；
（4）经费使用合理的材料：财税、财务检查及相关审计报告；
（5）会计报表、账册及会计凭证、银行对账单等；
（6）经济合同；
（7）固定资产盘点表；
（8）社保或工资发放报表，当地年鉴说明平均工资水平，工资、福利发放表；
（9）养老、医疗、失业、工伤、生育等社会保险结算凭证、住房公积金汇缴凭证等。

（二十四）精神文明

（1）领导班子近2年考核资料；
（2）领导班子各类政治理论、业务学习资料；
（3）领导班子成员无党纪政纪处分证明（上级主管部门的证明）；
（4）党建及党风廉政建设责任状；
（5）基层党组织党建工作相关佐证资料；
（6）精神文明创建活动台账资料（参考《水利系统文明单位测评体系》）；
（7）水文化建设方案及实施台账、图片、展板等；
（8）基层群众各类文体活动台账资料；

（9）近2年获得的国家级、省（部）级、市级精神文明单位或先进单位称号证明材料；

（10）近2年获得上级行政主管部门先进单位称号或考核成绩名列前茅等获奖资料。

（二十五）档案管理

（1）档案管理各项制度；

（2）工程档案分布图；

（3）档案管理分类方案；

（4）工程档案全引目录；

（5）档案管理组织网络；

（6）档案工作人员岗位职责；

（7）档案工作人员岗位资格证书；

（8）档案工作人员岗位培训证明、记录；

（9）档案设施一览表（库房、档案柜、除湿、温度、消磁、碎纸、复印、打印、消防等）；

（10）档案设备设施图片；

（11）档案库房存放示意图；

（12）档案交接文据；

（13）档案借阅登记簿；

（14）档案信息化系统操作手册、应用界面等。

（15）档案达标创建资料及证书。

五、信息化建设

（二十六）信息化平台建设

（1）信息化平台建设方案；

（2）信息化平台设计、施工合同、验收意见；

（3）信息化平台总体情况，各项业务（控制运用、防汛、安全、档案、综合等）功能模块简介，视频监视、无人机巡查、视频会议、手机 App（移动应用程序）运用情况；

（4）上级信息化平台图片、视频、上下贯通等证明材料；

（5）信息化平台相关运行维护管理制度、操作规程和工作手册；

（6）信息化平台使用说明书、功能界面图。

（二十七）自动化监测预警

（1）监测预警模块设计方案；

（2）雨水情、安全监测、视频监控模块接入信息化平台情况简介、界面截图；

（3）信息实现动态管理，雨水情、安全监测实时数据情况；

（4）数据异常时自动识别险情情况简介、界面截图；

（5）出现险情时及时预报预警情况简介、界面截图；

（6）自动化系统维修项目管理卡；

（7）自动化系统检修试验记录表。

（二十八）网络安全管理

（1）网络安全领导组织设置；

（2）网络平台安全管理制度：通信网络机房安全管理办法、网络管理维护技术规范、正版软件管理办法等制度；

（3）网络安全应急预案、培训记录、安全攻防演练记录；

（4）网络安全隐患排查与弱口令检查整改资料；

（5）信息系统网络安全架构拓扑图；

（6）网络安全设备清单；

（7）操作系统、办公软件、安全管理系统等正版软件使用台账；

（8）计算机 IP 地址统计表；

（9）防火墙登录及操作界面照片；

（10）委托有资质的专业单位承担网络安全维保、业务培训等服务的资料；

（11）网络安全等级保护测评证书、备案资料。

第三节　标准化管理评价

一、评价内容和范围

水利工程标准化管理评价是按照评价标准对工程标准化管理建设成效的全面评价，主要包括工程状况、安全管理、运行管护、管理保障和信息化建设等方面。

水闸工程标准化管理评价对象为已建并且投入运行的大中型水闸工程，小型水闸工程可参照执行。

二、评价工作组织

（一）水利部职责任务

水利部负责指导全国水利工程标准化管理和评价，组织开展水利部评价工作。水利部和流域管理机构直管工程申报水利部评价，由水利部委托相关单位开展评价。

（二）水利部流域管理机构职责任务

流域管理机构负责指导流域内水利工程标准化管理和评价，组织开展直管工程申报水利部标准化管理初评工作，受水利部委托承担水利部评价的具体工作。申报水利部评价的工程，由水利部按照工程所在流域委托相应流域管理机构组织评价。

流域管理机构应按照水利部确定的标准化基本要求，制定本单位水利工程标准化管理评价细则及其评价标准，建立流域管理机构标准化评价专家库，评价认定流域管理机构标准化管理工程。

（三）省级水行政主管部门职责任务

省级水行政主管部门负责本行政区域内所管辖水利工程标准化管理和申报水利部标

准化管理初评工作。

省级水行政主管部门应按照水利部确定的标准化基本要求，制定本地区水利工程标准化管理评价细则及其评价标准，建立省级标准化评价专家库，评价认定省级标准化管理工程。每五年组织一次复评，并不定期开展抽查。

（四）市、县级水行政主管部门职责任务

市、县级水行政主管部门应按照省级水行政主管部门的工作部署，指导辖区内水利工程标准化管理与评价，组织开展所属工程的标准化评价工作。协调水管单位工程加固及环境治理、安全生产、信息化建设等工作推进，提供相关保障，组织申报省级评价的初评和申报。

三、水利部评价工作要求

（一）申报条件

申报是指“符合水利部评价标准”条件的水利工程，向水利部提出水利部评价的过程。申报水利部评价的工程，按照水利部评价标准执行，需具备以下条件：

（1）工程（包括新建、除险加固、更新改造等）通过竣工验收或完工验收投入运行，工程运行正常。

（2）按照《水闸注册登记管理办法》的要求进行注册登记。

（3）按照《水闸安全鉴定管理办法》的要求进行安全鉴定，鉴定结果达到一类标准或完成除险加固。

（4）工程管理范围和保护范围已划定。

（5）已通过省级或流域管理机构标准化评价。

（二）评价标准

水利部评价实行千分制评分。通过水利部评价的工程，评价结果总分应达到 920 分（含）以上，且工程状况、安全管理、运行管护、管理保障 4 个类别评价得分不低于该类别总分的 85%。

（三）专家库组建与抽取

水利部和流域管理机构建立标准化评价专家库，评价专家组从专家库抽取评价专家的人数不得少于评价专家组成员的 2/3；被评价工程所在省（自治区、直辖市）或所属流域管理机构的评价专家不得担任评价专家组成员。

四、水利部评价工作程序

水利部评价工作分为自评、初评、申报、评价、认定、复评、抽查等阶段。

（一）自评

申请水利部评价的水利工程，须通过省级或流域管理机构标准化认定，并具备申报水利部评价规定的条件。

自评是指水管单位在申报水利部评价时，按照水利部评价标准对所辖水利工程进行自我评价。

1. 自评内容

拟申报水利部评价的水利工程，由其水管单位依据《评价办法》及其评价标准，按照工程类别，组织相关人员对所管理的水利工程进行分类自评。通过自评，客观梳理和分析存在的问题，制定并落实改进措施，积极整改到位，不断提高工程标准化管理水平。

2. 编写自评报告

自评结果达到水利部评价标准的，编写《水利工程标准化管理水利部评价自评报告》，向所属省级水行政主管部门或流域管理机构申请初评。

（二）初评

初评是指省级水行政主管部门或流域管理机构，按照《评价办法》及其评价标准对申报水利部评价的工程进行初步评价。

1. 初评单位

省级水行政主管部门负责本行政区域内所管辖水利工程申报水利部评价的初评工作。

流域管理机构负责所属工程申报水利部评价的初评工作。

水利部直管工程由水管单位进行初评。

2. 初评程序及主要工作内容

初评程序包括：

（1）成立专家组。专家组应由熟悉水利工程运行管理和标准化工作的人员组成，成员一般不少于5人。

（2）现场检查。对水利工程设施、管理设施等进行现场检查。

（3）完成《水利工程标准化管理水利部评价初评报告》。专家组查阅相关原始资料并质询，按照水利部评价标准的要求，对水利工程标准化管理状况进行评价、赋分，完成《水利工程标准化管理水利部评价初评报告》，提出整改意见并反馈水管单位。

初评专家组组成、评价程序等也可参照水利部评价相关内容进行。

3. 初评结果

省级水行政主管部门或流域管理机构，对初评结果总分达到920分（含以上），且工程状况、安全管理、运行管护、管理保障4个类别评价得分均不低于该类别总分85%的水利工程，可认定为“符合水利部评价标准”，可申报水利部评价。

通过省级水行政主管部门或流域管理机构初评的，可认定为“省级标准化管理工程”。

（三）申报

申报是指“符合水利部评价标准”条件的水利工程，向水利部提出水利部评价的过程。

1. 申报部门

省级水行政主管部门负责本行政区域内所辖水利工程水利部评价的申报工作。

流域管理机构负责所属工程水利部评价的申报工作。

水利部直管工程由水管单位直接申报水利部评价。

2. 申报程序

申报水利部评价的水利工程，填写《水利工程标准化管理水利部评价申报书》，由省级水行政主管部门或流域管理机构报水利部主管部门。

3. 申报材料

申报材料主要包括：

（1）申报文件。

（2）工程竣工或完工验收鉴定书。

（3）水闸注册登记证。

（4）最近一次安全鉴定书（新建工程未到年限除外）。

（5）工程管理和保护范围划定成果的政府公告或批复。

（6）通过省级或流域管理机构标准化评价认定文件。

（7）《水利工程标准化管理水利部评价申报书》。

一般采用电子件，必要时提供纸质件。

（四）评价

评价是指水利部对申报水利部评价的水利工程进行首次评价的过程。

水利部在收到申报文件及相关资料后，根据工程所属，委托流域管理机构或中国水利工程协会，组织对申报水利部评价的水利工程及时进行评价。

1. 评价单位

省级水行政主管部门区域内所管辖水利工程，由水利部委托其所在流域的流域管理机构组织评价。

水利部直管工程及流域管理机构所属水利工程，由水利部委托中国水利工程协会组织评价。

2. 评价程序

1）组建专家组

专家组构成如下：

（1）评价专家组由“水利工程标准化管理水利部评价专家库”或“流域管理机构评价专家库”专家和其他专家构成，其中从专家库中按照有关规定抽取评价专家的人数不得少于评价专家组成员的2/3；被评价工程所在省（自治区、直辖市）或所属流域管理机构的评价专家不得担任评价专家组成员。

（2）评价专家组成员应包含熟悉工程设计、安全管理、运行管护、财务管理、信息化建设等相关知识的专家。

（3）评价专家组人数一般不少于5人，设组长1名。

（4）评价专家组实行组长负责制，专家组组长应履行以下职责：

①根据工作计划和评价内容，对评价专家合理分工。

②负责主持与评价相关的会议。

③负责协调、统一各评价专家意见。

④对评价报告真实性、可靠性负责。

⑤负责对评价总体情况反馈，并提出整改建议。

2）现场评价

现场评价程序包括专家预备会、首次会议、现场检查、查阅资料并质询、专家组内部会议、末次会议。

（1）专家预备会。

由评价组织单位主持，专家组全体成员参加。

会议主要内容：明确评价工作安排、专家组成员分工和评价工作纪律要求等。

（2）首次会议。

由评价组织单位主持，参会人员包括专家组全体成员、省级水行政主管部门（或流域管理机构）相关人员、被评价水利工程的水管单位及其上级主管部门等有关人员。

会议主要内容：宣布专家组成员名单，宣读评价工作纪律，听取水管单位自评情况、省级水行政主管部门或流域管理机构初评情况汇报。

汇报内容应包括水管单位概况、工程状况、安全管理、运行管护、管理保障、信息化建设、自评整改、初评专家意见整改情况等方面。

自评情况汇报可采用幻灯片（PPT）或视频形式，汇报时间宜控制在30分钟内。

初评情况汇报应简明扼要，从工程状况、安全管理、运行管护、管理保障、信息化建设及初评结果等方面阐述。

（3）现场检查。

专家组成员在对工程现场、管理设施等进行全面检查的同时，重点对分工内容进行检查，必要时按相关程序进行现场操作、试车、启动等。

（4）查阅资料并质询。

对照水利部评价标准化的要求，查阅、核实有关备查资料。

备查资料按照水利部评价标准中的“项目”归类整理，各类记录至少有一整年加上评价当年资料。

专家就需要进一步了解的问题，向被评价水利工程的水管单位有关人员提出质询。

（5）专家组内部会议。

专家组成员根据对工程现场、管理设施等检查、相关资料查询、质询等情况，按分工在专家组内汇报相关情况，结合专家组其他专家汇报的情况，独自完成对水利工程的总体评价和赋分，经讨论形成统一意见后，完成《水利工程标准化管理水利部评价报告》。

（6）末次会议。

由评价组织单位主持，参加首次会议的全体人员出席。

会议主要内容：由专家组组长通报评价情况，由评价组织单位宣读《水利工程标准化管理水利部评价报告》，被评价工程的水管单位及其省级水行政主管部门或流域管理机构等相关人员发表意见等。

（五）认定

认定是指水利部对评价组织单位上报的评价资料进行审查确认的过程。

1. 材料审查

水利部运行管理司对评价组织单位上报的评价资料进行审查确认。

2. 公示

拟认定为“水利部标准化管理工程”的申报工程，在水利部网站上公示。

3. 通报

对公示无异议的，认定为“水利部标准化管理工程”，水利部予以通报。

（六）复评

复评是指按照《评价办法》有关规定，对认定为“水利部标准化管理工程”的水利工程，从认定通报之日起，水利部每满五年组织一次复评。

1. 复评单位

省级水行政主管部门负责本行政区域内通过水利部评价的工程的复评申请工作，水利部委托流域管理机构组织复评。

流域管理机构所属工程由水利部委托中国水利工程协会组织复评。

2. 复评申请

省级水行政主管部门或流域管理机构应在工程复评上一年度向水利部提交复评申请。

复评申请资料按照初次申请水利部评价准备近3年相关资料。

3. 复评程序

复评程序等可参照水利部评价相关内容进行。

（七）抽查

抽查工作是指按照《评价办法》有关规定，对认定为“水利部标准化管理工程”的水利工程，水利部委托相关部门（单位）进行不定期抽查。

抽查内容主要为对水利部评价（复评）中存在问题整改情况及抽查中新发现的问题进行评价。

对复评或抽查结果，水利部予以通报。

附　录

附　录

附录 A　相关法律法规、规章制度和技术标准名录

A.1　法律法规

《中华人民共和国水法》
《中华人民共和国防洪法》
《中华人民共和国水土保持法》
《中华人民共和国水污染防治法》
《中华人民共和国土地管理法》
《中华人民共和国长江保护法》
《中华人民共和国黄河保护法》
《中华人民共和国环境保护法》
《中华人民共和国环境影响评价法》
《中华人民共和国安全生产法》
《中华人民共和国防震减灾法》
《中华人民共和国突发事件应对法》
《中华人民共和国渔业法》
《中华人民共和国档案法》
《中华人民共和国网络安全法》
《水库大坝安全管理条例》
《中华人民共和国河道管理条例》
《中华人民共和国防汛条例》
《中华人民共和国抗旱条例》
《中华人民共和国水文条例》
《生产安全事故报告和调查处理条例》
《中华人民共和国地震安全性评价管理条例》
《中华人民共和国水土保持法实施条例》
《取水许可和水资源费征收管理条例》

A.2 规章制度

《生产安全事故应急预案管理办法》
《中央级水利工程维修养护经费使用管理暂行办法》
《水闸运行管理办法》
《水闸注册登记管理办法》
《水闸安全鉴定管理办法》
《堤防运行管理办法》
《水利风景区管理办法》
《国家防汛抗旱应急预案》
《国家突发公共事件总体应急预案》
《中央应急抢险救灾物资储备管理暂行办法》
《水利工程建设项目档案管理规定》
《水利工程管理体制改革实施意见》
《水利工程白蚁防治技术指南（试行）》

A.3 技术标准

GB 2894—2008 《安全标志及其使用导则》
GB 19517—2023 《国家电气设备安全技术规范》
GB 50150—2016 《电气装置安装工程 电气设备交接试验标准》
GB 50201—2014 《防洪标准》
GB 50286—2013 《堤防工程设计规范》
GB 50706—2011 《水利水电工程劳动安全与工业卫生设计规范》
GB 50707—2011 《河道整治设计规范》
GB/T 5972—2023 《起重机 钢丝绳 保养、维护、检验和报废》
GB/T 11822—2008 《科学技术档案案卷构成的一般要求》
GB/T 14173—2008 《水利水电工程钢闸门制造、安装及验收规范》
GB/T 18894—2016 《电子文件归档与电子档案管理规范》
GB/T 22482—2008 《水文情报预报规范》
GB/T 50138—2010 《水位观测标准》
GB/T 41368—2022 《水文自动测报系统技术规范》
GB/T 29639—2020 《生产经营单位生产安全事故应急预案编制导则》
GB/T 20000.1—2014 《标准化工作指南 第1部分：标准化和相关活动的通用术语》
SL 21—2015 《降水量观测规范》
SL 26—2012 《水利水电工程技术术语》
SL 27—2014 《水闸施工规范》
SL/T 34—2023 《水文站网规划技术导则》

SL 61—2015　《水文自动测报系统技术规范》
SL 75—2014　《水闸技术管理规程》
SL 101—2014　《水工钢闸门和启闭机安全检测技术规程》
SL 105—2007　《水工金属结构防腐蚀规范》
SL 106—2017　《水库工程管理设计规范》
SL 214—2015　《水闸安全评价导则》
SL 223—2008　《水利水电建设工程验收规程》
SL 226—98　《水利水电工程金属结构报废标准》
SL 252—2017　《水利水电工程等级划分及洪水标准》
SL 260—2014　《堤防工程施工规范》
SL 265—2016　《水闸设计规范》
SL 298—2004　《防汛物资储备定额编制规程》
SL 570—2013　《水利水电工程管理技术术语》
SL 596—2012　《洪水调度方案编制导则》
SL 725—2016　《水利水电工程安全监测设计规范》
SL 768—2018　《水闸安全监测技术规范》
SL/Z 679—2015　《堤防工程安全评价导则》
SL/T 171—2020　《堤防工程管理设计规范》
SL/T 247—2020　《水文资料整编规范》
SL/T 381—2021　《水利水电工程启闭机制造安装及验收规范》
SL/T 436—2023　《堤防隐患探测规程》
SL/T 595—2023　《堤防工程养护修理规程》
SL/T 722—2020　《水工钢闸门和启闭机安全运行规程》
SL/T 789—2019　《水利安全生产标准化通用规范》
SL/T 794—2020　《堤防工程安全监测技术规程》
CJJ/T 287—2018　《园林绿化养护标准》
水利部《水利水电工程（水库、水闸）运行危险源辨识与风险评价导则》
水利部《河湖及水利工程界桩、标示牌制作与安装标准（试行）的通知》（建安〔2016〕87号）
水利部《防汛抢险技术手册》（由水利部水旱灾害防御司编著）
水利部《水利工程生产安全重大事故隐患清单指南》
水利部《水利工程维修养护定额标准（试点）》
水利部《水利工程管理单位定岗标准（试点）》
水利部《水利业务“四预”基本技术要求（试行）》
水利部《数字孪生流域建设技术大纲（试行）》

附录 B 大中型水闸工程标准化管理评价标准

表 B 大中型水闸工程标准化管理评价标准

类别	项目	标准化基本要求	水利部评价标准		
			评价内容及要求	标准分	评价指标及赋分
一 工程状况（250分）	1. 工程面貌与环境	①工程整体完好。 ②工程管理范围整洁有序。 ③工程管理范围绿化、水土保持良好	工程整体完好、外观整洁，工程管理范围整洁有序；工程管理范围绿化程度较高，水土保持良好，水质和水生态环境良好	25	①工程形象面貌较差，扣 10 分。 ②工程管理范围杂乱，存在垃圾杂物堆放问题，扣 5 分。 ③工程管理范围宜绿化区域绿化率 60%～80%扣 2 分，低于 60%扣 5 分。 ④管理范围存在水土流失现象，水生态环境差，扣 5 分
	2. 闸室	①闸室结构（闸墩、底板、边墙等）及两岸连接建筑物安全，无明显倾斜、开裂、不均匀沉降等重大缺陷。 ②消能防冲及防渗排水设施运行正常	闸室结构（闸墩、底板、边墙等）及两岸连接建筑物安全，无倾斜、开裂、不均匀沉降等安全缺陷；消能防冲及防渗排水设施完整、运行正常；闸室结构表面无破损、露筋、剥蚀、开裂；闸室无漂浮物，上下游连接段无明显淤积	50	①闸室结构（闸墩、底板、边墙等）及两岸连接建筑物不安全，存在明显倾斜、开裂、不均匀沉降等重大缺陷，此项不得分。 ②消能防冲及防渗排水设施破损，影响正常运行，扣 10 分。 ③混凝土结构破损、露筋、剥蚀等，每处扣 2 分，最高扣 10 分；闸室结构存在贯穿裂缝，每处扣 5 分，最高扣 20 分。 ④闸室有成堆漂浮物，扣 5 分；闸室上下游连接段淤积明显，扣 5 分

续表 B

类别	项目	标准化基本要求	水利部评价标准		
			评价内容及要求	标准分	评价指标及赋分
一 工程 状况 (250分)	3. 闸门	①闸门能正常启闭。 ②闸门无裂纹，无明显变形、卡阻，止水正常	闸门启闭顺畅，止水正常，表面整洁，无裂纹，无明显变形、卡阻、锈蚀，埋件、承载构件、行走支承零部件无缺陷，止水装置密封可靠；吊耳无裂纹或锈损；按规定开展安全检测及设备等级评定；冰冻期间对闸门采取防冰冻措施	45	①闸门无法正常启闭，此项不得分。 ②闸门表面不整洁，扣5分；止水效果差，漏水严重，扣10分。 ③门体存在变形、锈蚀、卡阻等缺陷，扣10分。 ④行走支承有缺陷，扣3分；埋件、承载构件变形，扣5分；吊耳存在裂纹或锈损，扣2分。 ⑤未按规定开展闸门安全检测及设备等级评定，扣5分。 ⑥冰冻期间未对闸门采取防冰冻措施，扣5分
	4. 启闭机及机电设备	①启闭设施完好，运行正常。 ②机电设备运行正常，指示准确	启闭设备整洁，启闭机运行顺畅，无锈蚀、漏油、损坏等，钢丝绳、螺杆或液压部件等无异常，保护和限位装置有效；机电设备完好、运行正常，按规定对电气设备、指示仪表、避雷设施、接地等进行定期检验，无安全隐患；线路整齐、牢固、标注清晰；按规定开展安全检测及设备等级评定；备用电源可靠	45	①启闭设施或机电设备无法正常运行，此项不得分。 ②启闭机有明显锈蚀扣5分；漏油严重扣5分；无保护或限位装置扣5分；保护或限位装置安装不到位，扣5分；钢丝绳有断丝、缠绕厚度等不满足规范要求，螺杆有弯曲或液压部件存在严重缺陷，扣5分；启闭机房开裂、漏水、环境卫生差等，扣5分。 ③电气设备、指示仪表、避雷设施、接地等未定期检验，扣5分；线路凌乱、松动、标注不清晰，扣5分。 ④未按规定开展设施设备安全检测及设备等级评定，扣5分。 ⑤备用电源未按有关规定维护，扣5分
	5. 上下游河道和堤防	①河道无影响运行安全的严重冲刷或淤积。 ②两岸堤防规整	上下游河道无明显淤积或冲刷；两岸堤防完整、完好	40	①管理范围内上下游河道冲刷或淤积严重，影响运行安全，扣20分；冲刷或淤积明显，尚不影响安全，扣10分。 ②两岸堤防存在渗漏、塌陷、开裂等现象，每个缺陷扣5分，最高扣20分

续表 B

类别	项目	标准化基本要求	水利部评价标准		
			评价内容及要求	标准分	评价指标及赋分
一 工程状况（250分）	6. 管理设施	①雨水情测报、安全监测设施满足运行管理要求。 ②防汛道路、通信条件、电力供应满足防汛抢险要求	雨水情测报、安全监测、视频监视、警报设施，防汛道路、通信条件、电力供应、管理用房满足运行管理和防汛抢险要求	30	①雨水情测报、安全监测设施设置不足，扣10分。 ②视频监视、警报设施设置不足，稳定性、可靠性存在缺陷，扣5分。 ③防汛道路路况差、通信条件不可靠、电力供应不稳定，扣10分。 ④管理用房存在不足，扣5分
	7. 标识标牌	①设置有责任人公示牌。 ②设置有安全警示标牌	工程管理区域内设置必要的工程简介牌、责任人公示牌、安全警示等标牌，内容准确清晰，设置合理	15	①工程简介、保护要求、宣传标识错乱、模糊，扣5分。 ②责任人公示牌内容不实、损坏模糊，扣5分。 ③安全警示标牌布局不合理、埋设不牢固，扣5分
二 安全管理（230分）	8. 注册登记	①按规定完成注册登记	按照《水闸注册登记管理办法》完成注册登记；登记信息完整准确，更新及时	30	①未按规定注册登记，此项不得分。 ②注册登记信息不完整、不准确，存在虚假或错误问题等，扣20分。 ③注册登记信息变更不及时，信息与工程实际存在差异，扣10分
	9. 工程划界	①工程管理范围完成划定，完成公告并设有界桩。 ②工程保护范围和保护要求明确	按照规定划定工程管理范围和保护范围，管理范围设有界桩（实地桩或电子桩）和公告牌，保护范围和保护要求明确；管理范围内土地使用权属明确	35	①未完成工程管理范围划定，此项不得分。 ②工程管理范围界桩和公告牌设置不合理、不齐全，扣10分。 ③工程保护范围划定率不足50%扣10分，未划定扣15分。 ④土地使用证领取率低于60%，每低10%扣2分，最高扣10分

续表 B

类别	项目	标准化基本要求	水利部评价标准		
			评价内容及要求	标准分	评价指标及赋分
二 安全 管理 （230分）	10. 保护管理	①开展水事巡查工作，处置发现问题，做好巡查记录。 ②工程管理范围内无违规建设行为，工程保护范围内无危害工程运行安全的活动	依法开展工程管理范围和保护范围巡查，发现水事违法行为予以制止，并做好调查取证、及时上报、配合查处工作，工程管理范围内无违规建设行为，工程保护范围内无危害工程安全活动	25	①未有效开展水事巡查工作，巡查不到位、记录不规范，扣5分。 ②发现问题未及时有效制止，调查取证、报告投诉、配合查处不力，扣5分。 ③工程管理范围内存在违规建设行为或危害工程安全活动，扣10分；工程保护范围内存在危害工程安全活动，扣5分
	11. 安全鉴定	①按规定开展安全鉴定。 ②鉴定发现问题落实处理措施	按照《水闸安全鉴定管理办法》及《水闸安全评价导则》开展安全鉴定；鉴定成果用于指导水闸的安全运行管理和除险加固、更新改造	50	①未在规定期限内开展安全鉴定，此项不得分。 ②鉴定承担单位不符合规定，扣20分。 ③鉴定成果未用于指导水闸安全运行、更新改造和除险加固等，扣15分。 ④末次安全鉴定中存在的问题，整改不到位，有遗留问题未整改，扣15分
	12. 防汛管理	①有防汛抢险应急预案并演练。 ②有必要防汛物资。 ③预警、预报信息畅通	防汛组织体系健全；防汛责任制和防汛抢险应急预案落实并演练；按规定开展汛前检查；配备必要的抢险工具、器材设备，明确大宗防汛物资存放方式和调运线路，物资管理资料完备；预警、预报信息畅通	40	①防汛组织体系不健全，防汛责任制不落实，扣10分。 ②无防汛抢险应急预案，扣10分；防汛抢险应急预案编制质量差，可操作性不强，未开展演练，扣5分；防汛抢险队伍组织、人员、任务、培训未落实，扣5分。 ③未开展汛前检查，扣5分。 ④抢险工具、器材配备不完备、大宗防汛物资存放方式或调运线路不明确，扣3分；物资管理资料不完备，扣2分。 ⑤预警、报汛、调度体系不完善，扣5分

续表 B

类别	项目	标准化基本要求	水利部评价标准		
			评价内容及要求	标准分	评价指标及赋分
二 安全管理 （230分）	13. 安全生产	①落实安全生产责任制。 ②开展安全生产隐患排查治理，建立台账记录。 ③编制安全生产应急预案并开展演练。 ④1年内无较大及以上生产安全事故	安全生产责任制落实；定期开展安全隐患排查治理，排查治理记录规范；开展安全生产宣传和培训，安全设施及器具配备齐全并定期检验，安全警示标识、危险源辨识牌等设置规范；编制安全生产应急预案并完成报备，开展演练；1年内无较大及以上生产安全事故	50	①1年内发生较大及以上生产安全事故，此项不得分。 ②安全生产责任落实不到位，制度不健全，扣10分。 ③安全生产隐患排查不及时，隐患整改治理不彻底，台账记录不规范，扣10分。 ④安全设施及器具不齐全，未定期检验或不能正常使用，安全警示标识、危险源辨识牌设置不规范，扣5分。 ⑤安全生产应急预案未编制、未报备，扣5分。 ⑥未按要求开展安全生产宣传、培训和演练，扣5分。 ⑦3年内发生一般及以上生产安全事故，扣15分
三 运行管护 （240分）	14. 管理细则	①制订有关技术管理实施细则	结合工程具体情况，及时制订完善水闸技术管理实施细则（如工程巡视检查和安全监测制度、工程调度运用制度、闸门启闭机操作规程、工程维修养护制度等），内容清晰，要求明确	30	①未制定管理实施细则，此项不得分。 ②细则内容不完善，扣10分。 ③未及时修订技术管理实施细则，扣10分。 ④细则针对性、可操作性不强，扣10分
	15. 工程巡查	①开展工程巡查。 ②做好巡查记录，发现问题及时处理	按照《水闸技术管理规程》开展日常检查、定期检查和专项检查，巡查路线、频次和内容符合要求，记录规范，发现问题处理及时到位	40	①未开展工程巡查，此项不得分。 ②巡查不规范，巡查路线、频次和内容不符合规定，扣15分。 ③巡查记录不规范、不准确，扣10分。 ④巡查发现问题处理不及时到位，扣15分

续表 B

类别	项目	标准化基本要求	水利部评价标准		
			评价内容及要求	标准分	评价指标及赋分
三 运行管护（240分）	16. 安全监测	①开展安全监测。 ②做好监测数据记录、整编、分析工作	按照《水闸安全监测技术规范》要求开展安全监测，监测项目、频次符合要求；数据可靠，记录完整，资料整编分析有效；定期开展监测设备校验和比测	40	①未开展安全监测，此项不得分。 ②监测项目、频次、记录等不规范，扣15分。 ③缺测严重，数据可靠性差，整编分析不及时，扣15分。 ④监测设施考证资料缺失或不可靠，未定期开展监测设备校准，未定期对自动化监测项目进行人工比测，扣10分
	17. 维修养护	①开展工程维修养护。 ②有维修养护记录	按照有关规定开展维修养护，制定维修养护计划，实施过程规范，维修养护到位，工作记录完整；加强项目实施过程管理和验收，项目资料齐全	40	①未开展维修养护，此项不得分。 ②维修养护不及时、不到位，扣15分。 ③未制定维修养护计划，实施过程不规范，未按计划完成，扣10分。 ④维修养护工作验收标准不明确，过程管理不规范，扣5分。 ⑤大修项目无设计、无审批，验收不及时，扣5分。 ⑥维修养护记录缺失或混乱，扣5分
	18. 控制运用	①有按规定批复或备案的水闸控制运用计划或调度方案。 ②调度运行计划和指令执行到位。 ③有调度运用记录	有水闸控制运用计划或调度方案并按规定申请批复或备案；按控制运用计划或上级主管部门的指令组织实施，并做好记录	50	①无水闸控制运用计划或调度方案，此项不得分。 ②控制运用计划或调度方案未按规定报批或备案，扣15分；控制运用计划或调度方案编制质量差，调度原则、调度权限不清晰，扣5分；修订不及时，调度指标和调度方式变动未履行程序，扣10分。 ③未按计划或指令实施水闸控制运用，扣15分；调度过程记录不完整、不规范等，扣5分

续表 B

类别	项目	标准化基本要求	水利部评价标准		
			评价内容及要求	标准分	评价指标及赋分
三 运行管护（240分）	19. 操作运行	①有闸门及启闭设备操作规程，并明示。 ②操作流程规范，有操作记录	按照规定编制闸门及启闭设备操作规程，并明示；根据工程实际，编制详细的操作手册，内容应包括闸门启闭机、机电设备等操作流程等；严格按规程和调度指令操作运行，操作人员固定，定期培训；无人为事故；操作记录规范	40	①无闸门及启闭设备操作规程，此项不得分。 ②操作规程未明示，扣5分；未按规程进行操作，扣15分；操作人员不固定，不能定期培训，扣5分。 ③有记录不规范，无负责人签字或别人代签，扣5分；操作完成后，未按要求及时反馈操作结果，每发现一次扣1分，最高扣5分。 ④未编制详细操作手册，扣5分
四 管理保障（180分）	20. 管理体制	①管理主体明确，责任落实到人。 ②岗位设置和人员满足运行管理需要	管理体制顺畅，权责明晰，责任落实；管养机制健全，岗位设置合理，人员满足工程管理需要；管理单位有职工培训计划并按计划落实	35	①管理体制不顺畅，扣10分。 ②管理机构不健全，岗位设置与职责不清晰，扣10分。 ③运行管护机制不健全，未实现管养分离，扣10分。 ④未开展业务培训，人员专业技能不足，扣5分
	21. 标准化工作手册	①编制标准化管理工作手册，满足运行管理需要	按照有关标准及文件要求，编制标准化管理工作手册，细化到管理事项、管理程序和管理岗位，针对性和执行性强	20	①未编制标准化管理工作手册，此项不得分。 ②标准化管理手册编制质量差，不能满足相关标准及文件要求，扣10分。 ③标准化管理手册未细化，针对性和可操作性不强，扣5分。 ④未按标准化管理手册执行，扣5分
	22. 规章制度	①管理制度满足需要，明示关键制度和规程	建立健全并不断完善各项管理制度，内容完整，要求明确，按规定明示关键制度和规程	30	①管理制度不健全，扣10分。 ②管理制度针对性和操作性不强，落实或执行效果差，扣10分。 ③闸门操作等关键制度和规程未明示，扣10分
	23. 经费保障	①工程运行管理经费和维修养护经费满足工程管护需要。 ②人员工资足额兑现	管理单位运行管理经费和工程维修养护经费及时足额保障，满足工程管护需要，来源渠道畅通稳定，财务管理规范；人员工资按时足额兑现，福利待遇不低于当地平均水平，按规定落实职工养老、医疗等社会保险	45	①运行管理、维修养护等费用不能及时足额到位，扣20分。 ②运行管理、维修养护等经费使用不规范，扣10分。 ③人员工资不能按时发放，福利待遇低于当地平均水平，扣10分。 ④未按规定落实职工养老、医疗等社会保险，扣5分

续表 B

类别	项目	标准化基本要求	水利部评价标准		
			评价内容及要求	标准分	评价指标及赋分
四 管理保障 (180分)	24. 精神文明	①基层党建工作扎实,领导班子团结。 ②单位秩序良好,职工爱岗敬业	重视党建工作,注重精神文明和水文化建设,管理单位内部秩序良好,领导班子团结,职工爱岗敬业,文体活动丰富	20	①领导班子成员受到党纪政纪处分,且在影响期内,此项不得分。 ②上级主管部门对单位领导班子的年度考核结果不合格,扣10分。 ③单位秩序一般,精神文明和水文化建设不健全,扣10分
	25. 档案管理	①档案有集中存放场所,档案管理人员落实,档案设施完好。 ②档案资料规范齐全,存放管理有序	档案管理制度健全,配备档案管理人员;档案设施完好,各类档案分类清楚,存放有序,管理规范;档案管理信息化程度高	30	①档案管理制度不健全,管理不规范,设施不足,扣10分。 ②档案管理人员不明确,扣5分。 ③档案内容不完整、资料缺失,扣10分。 ④工程档案信息化程度低,扣5分
五 信息化建设 (100分)	26. 信息化平台建设	①应用工程信息化平台。 ②实现工程信息动态管理	建立工程管理信息化平台,实现工程在线监管和自动化控制;工程信息及时动态更新,与水利部相关平台实现信息融合共享、上下贯通	40	①未应用工程信息化平台,此项不得分。 ②未建立工程管理信息化平台,扣10分。 ③未实现在线监管或自动化控制,扣10分。 ④工程信息不全面、不准确,或未及时更新,扣10分。 ⑤工程信息未与水利部相关平台信息融合共享,扣10分
	27. 自动化监测预警	①监测监控基本信息录入平台。 ②监测监控出现异常时及时采取措施	雨水情、安全监测、视频监控等关键信息接入信息化平台,实现动态管理;监测监控数据异常时,能够自动识别险情,及时预报预警	30	①雨水情、安全监测、视频监控等关键信息未接入信息化平台,扣10分。 ②数据异常时,无法自动识别险情,扣10分。 ③出现险情时,无法及时预警预报,扣10分
	28. 网络安全管理	①制定并落实网络平台管理制度	网络平台安全管理制度体系健全;网络安全防护措施完善	30	①网络平台安全管理制度体系不健全,扣10分。 ②网络安全防护措施存在漏洞,扣20分

说明: 1. 本标准中“标准化基本要求”为省级制定标准化评价标准的基本要求,“水利部评价标准”为申报水利部标准化评价的标准。

2. 部级标准化评价,根据标准化评价内容及要求采用千分制考核,总分达到920分(含)以上,且工程状况、安全管理、运行管护、管理保障四个类别评价得分均不低于该类别总分85%的为合格。评价中若出现合理缺项,合理缺项评价得分计算方法为“合理缺项得分=[项目所在类别评价得分/(项目所在类别标准分-合理缺项标准分)]×合理缺项标准分”。

3. 表中扣分值为评分要点的最高扣分值,评分时可依据具体情况在该分值范围内酌情扣分。

附录C 水利工程标准化管理工作手册示范文本编制要点（水闸工程）

编制说明

1. 根据水利部《关于推进水利工程标准化管理的指导意见》的有关规定，各省级水行政主管部门和流域管理机构（以下简称各单位）应按照工程类别编制标准化管理工作手册示范文本，用于指导水利工程管理单位编制所辖工程标准化管理工作手册，推进标准化管理的实施。为更好地指导各水闸工程管理单位理清管理事项、明确管理程序、规范管理行为，水利部运行管理司组织制定了本编制要点，供各单位在编制水闸工程标准化管理工作手册时参考使用。

2. 本编制要点适用于已建成并投入运行的大中型水闸工程标准化管理工作手册示范文本的编制。

3. 本编制要点建议标准化管理工作手册分为管理手册、制度手册、操作手册三个分册。各管理单位可根据所管辖工程和管理事项的实际情况确定分册数和具体内容。

4. 管理手册主要包括工程和管理设施情况、单位概况、管理事项等。各管理单位应对所辖工程、单位状况、管理事项给予说明，需要从安全管理、运行管护、综合管理等三个方面对所包含各项业务工作的任务、内容、岗位责任等进行梳理，并形成“管理事项-岗位-部门-人员”对应表。

5. 制度手册涵盖安全管理类、运行管护类和综合管理类的全部工作事项。制度旨在明确工程管理的各项工作要求，规范运行管理事项的行为规则；各项制度应依据法律法规、规章制度、规程规范、相关规定制定或修订，符合本单位实际，具有可操作性；一项管理制度可仅涉及一个管理事项，也可涉及多个管理事项。

6. 操作手册是为了全面落实各项管理制度从操作层面提出的方法、程序、步骤及注意事项等要求，可以操作规程、作业指导书、流程图、表单形式表达，以告知运行管理及一线作业人员规程作业行为，实现安全、高效运维目标。

第一册　管理手册

1　工程和管理设施情况

1.1　工程概况

1.1.1　基本情况

工程名称、工程位置（流域区域）、规模、功能效益、主要水工建筑物和机电设备、金属结构、附属设施的技术参数等，建设（开工、竣工）时间，注册或变更登记情况，历次安全鉴定结论和遗留问题及处理，历年运行中出现的重大问题与处理情况等。

1.1.2　除险加固

除险加固（开工、竣工）时间及主要内容、竣工验收情况。

1.2　工程管理范围和保护范围

1.2.1　划界确权情况

工程管理和保护范围划定及政府审批、界桩及公告牌设置情况、公告情况以及目前存在的主要问题。

1.2.2　主要成果

划界确权批复文件或政府公告，工程管理范围划界图纸（明确管理范围和保护范围），土地使用证或不动产权证，含政府授权水利等部门颁发的各类产权证书，工程管理范围界桩统计表和分布图，管理范围内测量控制点、界桩、公告牌图例等。

1.3　管理设施基本情况

1.3.1　管理用房

启闭机房、控制室、值班室、高低压开关室、发电机房、防汛仓库、办公生活用房等管理用房基本情况（面积、位置等），以及目前存在的主要问题。

1.3.2　防汛道路、通信电力设施

防汛道路起止位置、长度及日常检查、养护基本情况；工作桥、检修便桥、交通桥的基本情况；供电线路、通信线路的基本情况。

1.3.3　安全监测设施

环境量监测、变形监测、渗流监测、专门性监测的相关设施的设置、检查、养护等情况，以及整编分析落实情况。

1.3.4　视频监视报警设施

视频摄像机、监视系统设置和使用情况，警报器、扩音器等警报装置的基本情况。

1.4　标识标牌

1.4.1　标牌分类

标识标牌包括公告、警示、指令、指引、提示、责任人信息等类别。如工程简介牌、责任人公示牌、管理范围和保护范围公告牌、水法规告示牌、安全警示牌、工程指引牌等。

1.4.2　标牌布置

简述标识标牌数量、颜色、规格、材质、布置位置及日常检查维护情况等。

1.5　附图附表

主要特征参数表；

工程布置图；

工程剖面图；

特征水位下闸门开度-下泄流量关系图/表；

工程管理和保护范围示意图；

管理及生产用房示意图；

安全监测设施布置图；

视频监视设施布置图表。

2　单位概况

2.1　单位情况

管理单位的基本性质、隶属关系，与工程运行管理有关的人员配备、组织架构和经费来源。

2.2　职能与任务

管理单位或部门的基本职能和主要工作任务。

2.3　岗位与职责

管理单位或部门的内部岗位设置，如管理岗、专业技术岗、工勤技能岗等设置，具体工作岗位的职责、任务等。

3　管理事项

3.1　安全管理

3.1.1　注册登记

水闸注册登记、变更等管理事项、内容、责任岗位等。

3.1.2　工程划界

工程管理和保护范围划定、界桩和公告牌设置、土地使用证领取等管理事项、内容、责任岗位等。

3.1.3　保护管理

水法规宣传、管理范围检查、涉水项目监管、违法行为处理等管理事项、内容、责任岗位。

3.1.4　安全鉴定

编制计划、现状调查、安全检测、安全复核、安全评价、成果审定、成果应用等管理事项、内容、责任岗位。

3.1.5　防汛管理

防汛组织与责任制、防汛抢险应急预案与演练、防汛抢险队伍与培训、汛前检查、防汛物资配备、调运线路、仓储物料、建档立卡、器材设备维护、预警预报等管理任务、内容、责任岗位。

3.1.6　安全生产

组织机构、目标职责、安全检查、安全风险管控及隐患排查治理、宣传培训、设施及器具配备、安全警示标识设置、安全生产应急预案编制和演练、安全事故处置等管理事项、内容、责任岗位。

3.2　**运行管护**

3.2.1　管理细则

管理细则编制、审批、发布、修订等管理事项、内容、责任岗位。

3.2.2　工程检查

日常检查、定期检查、专项检查等管理事项、内容、责任岗位。

3.2.3　安全监测

监测任务书编报、监测仪器校验、工程监测、自动化观测设施人工比测、资料整编等管理事项、内容、责任岗位。

3.2.4　维修养护

维修养护项目编报、实施准备、项目实施、项目验收、项目管理卡填写、绩效评价等管理事项、内容、责任岗位。

3.2.5　控制运用

控制运用计划或调度方案编制、审批、变更、执行、总结等管理事项、内容、责任岗位。

3.2.6　操作运行

操作规程和操作手册编制、高低压配电设施操作、闸门启闭操作等管理事项、内容、责任岗位。

3.3　**管理保障**

3.3.1　档案管理

档案管理制度制定、档案设施管理、档案管理、档案电子化等管理事项、内容、责任岗位。

3.3.2　教育培训

制定计划、开展教育培训、培训效果评估等管理事项、内容、责任岗位。

3.3.3　年度自评

年度标准化管理工作单位自评、上级主管部门评价、整改意见落实、总结提高等管理事项、内容、责任岗位。

3.4　**信息化管理**

3.4.1　信息化平台建设

信息化平台建设、应用、检查维护等管理事项、内容、责任岗位。

3.4.2　自动化监测预警

关键信息汇集、自动识别险情、预报预警等管理事项、内容、责任岗位。

3.4.3　网络安全管理

网络安全管理制度、防护措施、日常运维等管理事项、内容、责任岗位。

3.5 “管理事项–岗位–部门–人员”对应表

管理事项应根据工作性质、工作要求、管理职责等进行划分归类。事项划分要全面详细、合理清晰、符合工程管理实际，便于管理岗位设置和人员岗位配置。管理事项落实到人，建立人员、岗位、事项对应关系，编制“管理事项–岗位–部门–人员”对应表。具体管理事项可根据本单位工作实际进行增减。

第二册　制度手册

1　安全管理类

1.1　注册登记

主要内容包括注册登记基本要求、登记方式、信息申报、信息变更、注销等相关要求。

1.2　安全鉴定

主要内容包括安全鉴定基本内容、鉴定周期、鉴定组织、鉴定实施步骤、成果审定以及成果应用等相关要求。

1.3　保护管理

主要内容包括划界确权、水法宣传、管理范围巡查、涉水项目监管、违法行为处理等相关要求，也可分拆为各专项制度。

1.4　防汛管理

主要内容包括防汛组织与责任制、防汛抢险应急预案与演练、防汛抢险队伍与培训、汛前检查、防汛物资配备、预警预报信息畅通等相关要求，也可分拆为各专项制度。

1.5　安全生产

根据《中华人民共和国安全生产法》等相关法律法规和相关要求，形成适合本单位水利工程管理的安全生产制度体系。主要包括安全目标管理制度，安全生产责任制，安全生产投入管理制度，安全教育培训管理制度，法律法规标准规范管理制度，重大危险源辨识与管理制度，安全风险管理、隐患排查治理制度，特种作业人员管理制度，建设项目安全设施、职业病防护设施“三同时”管理制度，作业活动管理制度，危险物品管理制度，消防安全管理制度，用电安全管理制度，施工安全管理制度，安全保卫制度，职业病危害防治制度，劳动防护用品（具）管理制度，应急管理制度，事故管理制度，相关方管理制度，安全生产报告制度等。

2　运行管护类

2.1　工程检查

包括日常检查、定期检查、专项检查等相关制度，明确各类检查的组织形式、内容、方法、时间、频次、记录、分析、处理和报告等相关工作内容和要求。

2.2　安全监测

包括环境量监测、垂直观测、水平位移观测、渗流观测、引河河床变形观测、伸缩缝和裂缝等专门性观测相关制度。明确各类监测的仪器设备、时间、频次、方法、数据校核处理、资料整编、分析报告编制等相关工作内容和要求。

2.3　维修养护

包括维修养护项目管理、采购和合同管理、项目质量检查、资金与进度管理、竣工验收、绩效评价等相关要求。

2.4　控制运用

包括调度管理、操作票、操作运行、运行值班、交接班等相关制度。明确控制运用计划或调度方案编制、审批、变更、执行以及闸门启闭操作、值班管理等相关工作内容和要求。

3　综合管理类

3.1　责任制

包括所长、副所长、技术负责人、水工建筑物职能工程师、机电设备职能工程师、工程观测、档案资料、物资保管、闸门运行工、水行政管理、财务出纳等岗位责任制。明确上岗条件、岗位责任和相关考核办法等。

3.2　教育培训

根据上级有关规定，结合实际，制定本单位教育培训制度，包括职工教育管理、培训需求识别、教育培训台账、业务学习培训、政治理论学习、培训计划制定和审批、实施方式、考核评价、培训记录、效果评价等制度。

3.3　档案管理

根据《中华人民共和国档案法》，制定本单位档案管理制度，档案管理制度应明确工程档案资料的分类方式，资料的收集与管理要求，资料借阅手续要求，以及档案室的配置及管理要求等。包括确与运行管理有关的文书、科技、声像等各类档案资料的收集、分类、整编、归档、保存、借阅、归还、数字化、保密、销毁等要求。

3.4　信息化管理

包括计算机监控系统管理、信息化平台管理、自动化监测预警管理、网络安全管理、检查维护等相关管理制度。

3.5　年度评价

根据水利部《水利工程标准化管理评价办法》及其评价标准，结合管理单位实际制定年度评价制度，包括年度自评的组织形式、评价方式及要求、工程管理考核、日常事务考核、岗位目标考核及奖惩、激励制度等。

管理单位可根据本单位工作实际和划定的管理事项，编制相应的管理制度。

第三册 操作手册

1 安全管理类

1.1 注册登记

1.1.1 范围及内容

水闸注册登记申报、发证、变更、注销等管理工作。

1.1.2 标准及要求

(1) 按照《水闸注册登记管理办法》，对注册登记发证、使用、变更、注销等提出工作标准和相关注意事项。

(2) 绘制注册登记工作流程图。

1.1.3 记录及档案

水闸注册登记表；水闸注册登记证；水闸注册登记变更事项登记表。

1.2 保护管理

1.2.1 范围及内容

水闸工程划界确权、水行政执法巡查、涉水项目监管、违法行为处理等。

1.2.2 标准及要求

(1) 管理单位根据水法、防洪法、河道管理条例等法律法规和属地相关要求完成水利工程管理范围、保护范围划定，规范开展水政巡查。

(2) 对土地使用证或不动产权证领用管理、界桩和公告牌设置提出具体工作要求。

(3) 对水行政执法巡查范围、重点、内容、周期、路线以及责任人和相关责任等提出工作标准和要求，明确各类水事违法案件的处理流程。

(4) 根据涉水项目监管重点内容提出工作要求和注意事项。

(5) 绘制划界确权、水政巡查、涉水项目监管等工作流程图。

1.2.3 记录及档案

土地使用证（不动产权证）统计表；管理范围内土地使用证或不动产权证；工程管理范围界桩统计表和分布图；执法巡查记录；建设项目管理情况统计表；水行政执法巡查月报；水政宣传标牌检查维护记录表等。

1.3 安全鉴定

1.3.1 范围及内容

水闸安全鉴定计划编制、现状调查、安全检测、安全复核、安全评价、成果审定、成果应用等。

1.3.2 标准及要求

(1) 按照《水闸安全鉴定管理办法》及《水闸安全评价导则》，提出开展安全鉴定工作的一般要求。

(2) 对现状调查、安全检测、复核分析、安全评价和安全鉴定报告书编制、鉴定成果应用等提出具体工作标准和要求。

（3）针对存在问题，说明相关应急预案的编制主要内容。

（4）绘制安全鉴定工作流程图。

1.3.3 记录与档案

水闸现状调查分析报告；水闸现场安全检测报告；水闸工程复核计算分析报告；水闸安全评价报告；水闸安全鉴定报告书；水闸工程隐患情况统计表；应急预案。

1.4 防汛管理

1.4.1 范围及内容

防汛组织与责任制、防汛抢险应急预案与演练、防汛抢险队伍与培训、汛前检查、防汛物资配备、预警预报信息通畅等。

1.4.2 标准及要求

（1）对建立健全防汛组织、组建防汛应急队伍、编制防汛抗旱应急预案、组织预案演练、防汛队伍培训、开展汛前检查以及建立预警、报汛、调度体系等提出工作要求和注意事项。

（2）对防汛物资（器材）测算、储备提出要求，签署代储协议书，明确大宗防汛物资存放方式和调运线路。

（3）绘制防汛演练、物资调运等工作流程图。

1.4.3 记录及档案

防汛抗旱组织机构设置文件；防汛抗旱管理办法；防汛抢险人员学习培训资料（计划、学习、演练、考核评估）；防汛抗旱应急预案；防汛物资代储协议；防汛物资储备测算清单；自储防汛物资清单；防汛物资管理制度；仓库管理人员岗位职责；防汛物资调运方案；防汛仓库物资分布图；防汛物资调运线路图；防汛物资管理台账；防汛物资、抢险机具检查保养记录；备用电源试车、维修保养记录；防汛抗旱工作总结和评价。

1.5 安全生产

1.5.1 范围及内容

目标职责、安全风险管控及隐患排查治理、宣传培训、设施及器具配备、安全警示标识设置、安全生产应急预案、预案演练、安全事故处置等。

1.5.2 标准及要求

（1）对建立健全安全生产组织提出要求，明确各岗位的责任人员、责任范围和考核标准等。

（2）按照水利部《水利工程生产安全重大事故隐患清单指南》开展隐患排查治理工作，说明危险源辨识与风险评价的工作程序、工作内容和工作要点。

（3）对开展安全生产宣传教育、配备安全设施及器具等提出工作要求。

（4）对各类安全警示标识标牌的分类、设置位置、检查维护等提出工作标准。

（5）对综合预案、专项预案、现场处置方案的编制、学习、演练的时间、频次、工作要点提出要求。

（6）说明发生事故后管理单位应采取的有效措施、组织抢救，按有关规定及时向上级主管部门汇报、配合做好事故的调查及处理工作等。

(7) 绘制安全检查、危险源辨识与风险评价、事故处置等工作流程图。

1.5.3　记录及档案

安全生产责任状；危险源辨识与风险评价报告；隐患排查治理记录；安全检查整改通知书；安全隐患整改回执单；特种设备统计表；特种设备检验报告；特种作业人员持证上岗情况统计表；安全用具定期试验报告；职工教育培训资料；安全生产综合预案、专项预案、现场处置方案；应急预案演练方案、演练记录、效果评估；安全生产宣传活动台账；安全生产标准化等级证书。

2　运行管护类

2.1　工程检查

2.1.1　日常检查

2.1.1.1　范围及内容

水闸工程日常检查。

2.1.1.2　标准及要求

(1) 按照《水闸技术管理规程》《水工钢闸门和启闭机安全运行规程》开展日常检查工作。

(2) 对日常检查的内容、组织、路线、频次、方法和记录等提出工作标准和注意事项。

(3) 绘制日常检查工作流程图。

2.1.1.3　记录及档案

水闸工程日常巡视检查路线图；水闸工程日常检查记录表，问题汇总及整改台账。

2.1.2　定期检查

2.1.2.1　范围及内容

水闸工程汛前检查、汛后检查、水下检查、电气预防性试验等。

2.1.2.2　标准及要求

(1) 按照《水闸技术管理规程》《水工钢闸门和启闭机安全运行规程》等开展定期检查工作。

(2) 对定期检查的组织、人员、内容、报告及问题整改等提出工作标准和工作要点。

(3) 绘制汛前检查、汛后检查工作流程图。

2.1.2.3　记录及档案

汛前检查记录表、汛前检查报告；汛后检查记录表、汛后检查报告；水下检查记录，电气预防试验报告及记录，问题汇总及治理台账。

2.1.3　专项检查

2.1.3.1　范围及内容

水闸工程专项检查。

2.1.3.2　标准及要求

(1) 按照《水闸技术管理规程》《水工钢闸门和启闭机安全运行规程》开展专项

检查工作。

（2）对专项检查的检查条件、人员组织、检查内容、总结报告等提出工作标准和工作要点，明确根据所遭受灾害或事故的特点来确定检查范围和检查内容。

（3）绘制专项检查工作流程图。

2.1.3.3　记录及档案

水闸工程专项检查记录表，专项检查报告。

2.2　安全监测

2.2.1　环境量监测

2.2.1.1　范围及内容

水闸工程水位、流量、降水量、气温、上下游河床淤积和冲刷监测等。

2.2.1.2　标准及要求

（1）按照《水闸安全监测技术规范》《水工钢闸门和启闭机安全运行规程》开展环境量监测工作。

（2）对环境量监测的时间、频次、方法、记录等提出工作标准和工作要求；结合工作实际确定自行组织观测项目或引用当地水文站、气象站观测资料等。

（3）绘制各类环境量监测的工作流程图。

2.2.1.3　记录及档案

水闸工程水位监测记录及成果整编资料；流量监测记录及成果整编资料；降水量监测记录及成果整编资料；气温监测记录及成果整编资料；上下游河床淤积和冲刷监测记录及成果整编资料。

2.2.2　变形监测

2.2.2.1　范围及内容

水闸工程垂直位移、水平位移、倾斜、裂缝和结构缝开合度监测等。

2.2.2.2　标准及要求

（1）按照《水闸安全监测技术规范》开展变形监测工作。

（2）对变形监测的时间、频次、方法、要点等提出工作标准和工作要求。说明标点设置、施工期间观测、资料整编等注意事项。

（3）分别绘制垂直位移、水平位移、倾斜、裂缝和结构缝开合度监测的工作流程图。

2.2.2.3　记录及档案

水闸工程垂直位移监测记录及成果整编资料；水平位移监测记录及成果整编资料；倾斜监测记录及成果整编资料；裂缝和结构缝监测记录及成果整编资料。

2.2.3　渗流监测

2.2.3.1　范围及内容

水闸工程闸基扬压力和侧向绕渗监测等。

2.2.3.2　标准及要求

（1）按照《水闸安全监测技术规范》开展渗流监测工作。

（2）对渗流监测的时间、频次、方法、要点等提出工作标准和工作要求；明确测深法、渗压计法观测等不同观测方法的注意事项和测压管管口高程校核工作标准。

(3) 分别绘制闸基扬压力和侧向绕渗监测的工作流程图。

2.2.3.3　记录及档案

闸基扬压力监测记录及成果整编资料；侧向绕渗监测记录及成果整编资料。

2.2.4　专门性监测

2.2.4.1　范围及内容

水闸工程水力学、地震反应和冰凌监测等。

2.2.4.2　标准及要求

(1) 按照《水闸安全监测技术规范》开展专门性监测工作。

(2) 对水流流态、水面线（水位）、波浪、水流流速、消能、冲刷（淤）变化监测的时间、频次、方法、要点等提出工作标准和工作要求。

(3) 对建筑在设计烈度为Ⅶ度及以上的大（1）型水闸，明确发生地震时，对建筑物的地震反应进行监测的工作内容和标准。

(4) 对冰凌观测的静冰压力、动冰压力、冰厚、冰温观测项目提出观测频次和观测标准。

(5) 分别绘制各类专门性监测的工作流程图。

2.2.4.3　记录及档案

水闸工程水力学观测记录；地震反应观测记录；冰凌观测记录。

2.3　**维修养护**

2.3.1　项目管理

2.3.1.1　范围及内容

水闸工程维修养护项目申报、项目批复、招标采购、项目实施、质量监督、竣工验收、资料整理等。

2.3.1.2　标准及要求

(1) 对维修养护项目管理组织建立，编制实施计划和方案，采购方式，经费、进度、质量、安全和资料管理等提出工作标准和工作要求。

(2) 分别绘制工程维修、工程养护项目管理工作流程图。

2.3.1.3　记录及档案

工程养护、维修、试验等记录；维修项目统计表；养护项目统计表；项目管理及验收资料。

2.3.2　建筑物及管理设施维修养护

2.3.2.1　范围及内容

水闸工程水工建筑物和管理设施等维修养护。

2.3.2.2　标准及要求

(1) 对闸墩、底板、边墙、上下游河道和两岸堤防，以及雨水情测报、视频监视、警报设施、防汛道路、管理用房等管理设施提出维修养护的标准和要求。

(2) 绘制相关工作流程图。

2.3.2.3　记录及档案

水工建筑物和管理设施等的养护、维修、试验记录。

2.3.3　机电设备及金属结构维修养护

2.3.3.1　范围及内容

水闸工程机电设备和金属结构等维修养护。

2.3.3.2　标准及要求

（1）对闸门、启闭机、变压器、开关柜、操作箱、柴油发电机、照明设施、电力电缆等提出维修养护的标准和要求。

（2）绘制相关工作流程图。

2.3.3.3　记录及档案

机电设备和金属结构等的养护、维修、试验记录。

2.3.4　监测设施维修养护

2.3.4.1　范围及内容

水闸工程水位观测、流量观测和安全监测基点等维修养护。

2.3.4.2　标准及要求

（1）对环境量、垂直位移、水平位移、测压管、河道断面、伸缩缝等观测设施提出维修养护的标准和要求；明确自动化观测设施的定期校核和人工比测的相关工作要求。

（2）绘制相关工作流程图。

2.3.4.3　记录及档案

水位观测、流量观测和安全监测基点等的养护、维修、试验记录。

2.4　控制运用

2.4.1　范围及内容

水闸工程控制运用计划或调度方案编制、审批、变更、执行以及闸门启闭操作、运行检查、值班管理等。

2.4.2　标准及要求

（1）对控制运用方案或调度方案编制、审批、变更、执行等提出工作要求。

（2）明确接受指令、组织调度、方案制定、设备操作和值班管理相关的工作标准和工作要点。

（3）按照节制闸、排水闸、引水闸、挡潮闸、分洪闸等不同类型及管理要求，结合工程实际，制定操作规程，具体说明操作程序和注意事项。

（4）绘制调度管理、操作运行、运行值班等工作流程图。

2.4.3　记录及档案

工程调度指令和执行记录；水闸工程年度运行时间及水量统计；水闸工程运行操作规程；水闸工程运行日志；水闸工程运行检查记录；水闸工程闸门启闭操作记录；水闸工程配电房操作记录；水闸运行操作人员上岗证和电力进网作业许可证等；水闸工程运行操作人员培训记录。

3　综合管理类

3.1　教育培训

3.1.1　范围及内容

水闸工程管理单位业务培训、岗前培训、安全培训和教育效果评估、总结等。

3.1.2　标准及要求

（1）对教育培训的归口管理部门、对象与内容、学时、组织与管理、记录与档案等提出工作要求。

（2）绘制必要的工作流程图。

3.1.3　记录及档案

年度教育培训计划；教育效果评估；教育培训台账。

3.2　档案管理

3.2.1　范围及内容

档案资料收集、整理、归档、借阅、销毁，档案设施管理、档案电子化等。

3.2.2　标准及要求

（1）对档案管理人员、档案室“三室分开”和相关硬件设施配置提出工作要求。

（2）明确各类技术档案收集、整理、归档的范围和周期。

（3）对档案建档立卡、保管借阅、定期销毁等提出工作要求和注意事项。

（4）绘制档案归档、借阅等工作流程图。

3.2.3　记录及档案

全引目录；案卷目录；档案借阅记录；档案销毁记录；档案室温湿度记录。

3.3　信息化管理

3.3.1　信息化平台建设

3.3.1.1　范围及内容

信息化平台建设及应用。

3.3.1.2　标准及要求

（1）对信息化平台的总体架构、功能板块、运用维护等提出建设重点和工作要求。

（2）绘制必要的工作流程图。

3.3.1.3　记录及档案

信息化平台建设方案；信息化平台使用及维护说明书；信息化平台相关功能界面图；信息化平台相关运行维护管理制度、操作规程和工作手册。

3.3.2　自动化监测预警

3.3.2.1　范围及内容

关键信息汇集、自动识别险情、预报预警等。

3.3.2.2　标准及要求

（1）对雨水情、安全监测、视频监控等关键信息数据的采集、计算、分析和预测预警提出要求。

（2）绘制必要的工作流程图。

3.3.2.3　记录及档案

雨水情信息采集表；自动化监测数据采集表；报警信息汇总表；故障登记和修试记录等。

3.3.3　网络安全管理

3.3.3.1　范围及内容

网络安全管理制度、防护措施、日常运维等。

3.3.3.2　标准及要求

（1）明确网络安全防护相关措施，对水利专网、互联网等实行区域管理、安全分区防控、等级分级保护等工作要求。

（2）绘制必要的工作流程图。

3.3.3.3　记录及档案

网络安全领导组织网络；网络安全管理办法；网络安全管理制度；网络安全应急预案；网络安全培训、演练台账资料；信息系统网络安全架构拓扑图；网络安全设备清单；网络安全维保、业务培训等服务的资料；信息化系统安全等级保护测评资料。

3.4　年度评价

3.4.1　范围及内容

水闸工程管理单位年度自评、上级主管部门评价、整改意见落实、改进提高等。

3.4.2　标准及要求

（1）对年度评价的组织、内容、时间节点、评价程序、意见落实和改进提高等提出工作要求和注意事项。

（2）绘制年度评价工作流程图。

3.4.3　记录及档案

年度自评报告；年度评价申报书；上级主管部门年度评价表；评价整改报告。

附录D 管理事项表示例

D.1 管理事项划分表

表D.1 管理事项划分表

<table>
<tr><th>管理类别</th><th>管理项目</th><th>事项编码</th><th>管理事项</th></tr>
<tr><td rowspan="8">安全管理类</td><td rowspan="2">注册登记</td><td>1</td><td>注册登记</td></tr>
<tr><td>2</td><td>变更登记</td></tr>
<tr><td rowspan="2">工程划界</td><td>3</td><td>管理范围和保护范围划定</td></tr>
<tr><td>4</td><td>设置界桩和公告牌</td></tr>
<tr><td>保护管理</td><td>5</td><td>涉水事务管理</td></tr>
<tr><td>安全鉴定</td><td>6</td><td>组织鉴定工作</td></tr>
<tr><td>防汛管理</td><td>7</td><td>防汛组织</td></tr>
<tr><td>安全生产</td><td>8</td><td>隐患排查</td></tr>
<tr><td rowspan="9">运行管护类</td><td rowspan="3">工程检查</td><td>9</td><td>日常检查</td></tr>
<tr><td>10</td><td>定期检查</td></tr>
<tr><td>11</td><td>专项检查</td></tr>
<tr><td rowspan="2">安全监测</td><td>12</td><td>环境量监测</td></tr>
<tr><td>13</td><td>应力、应变及温度监测</td></tr>
<tr><td rowspan="2">维修养护</td><td>14</td><td>维修养护记录</td></tr>
<tr><td>15</td><td>维修养护验收</td></tr>
<tr><td>控制运用</td><td>16</td><td>水闸控制运用计划报批</td></tr>
<tr><td>操作运行</td><td>17</td><td>闸门及启闭设备操作</td></tr>
<tr><td rowspan="6">综合管理类</td><td>经费管理</td><td>18</td><td>维修养护经费管理</td></tr>
<tr><td>党建及精神文明</td><td>19</td><td>党建及精神文明活动</td></tr>
<tr><td>档案管理</td><td>20</td><td>档案信息化</td></tr>
<tr><td rowspan="3">信息化</td><td>21</td><td>信息化平台建设</td></tr>
<tr><td>22</td><td>自动化监测预警</td></tr>
<tr><td>23</td><td>网络安全管理</td></tr>
</table>

注：本表中的管理事项划分可根据水闸的实际管理情况进行进一步组合或细分，以有利于岗位的设置及人员的岗位配备。部分岗位工作需要其他岗位人员配合的，由岗位负责人牵头组织。

D.2 “管理事项-岗位-部门-人员”对应表

表 D.2 “管理事项-岗位-部门-人员”对应表

序号	管理事项（编码）	岗位	部门	人员
1		安全生产岗	工管科	
2		技术管理岗	水政科	
3		水政管理岗		
…		…	…	…

附录 E　工作流程图示例

E.1　水闸注册登记流程图

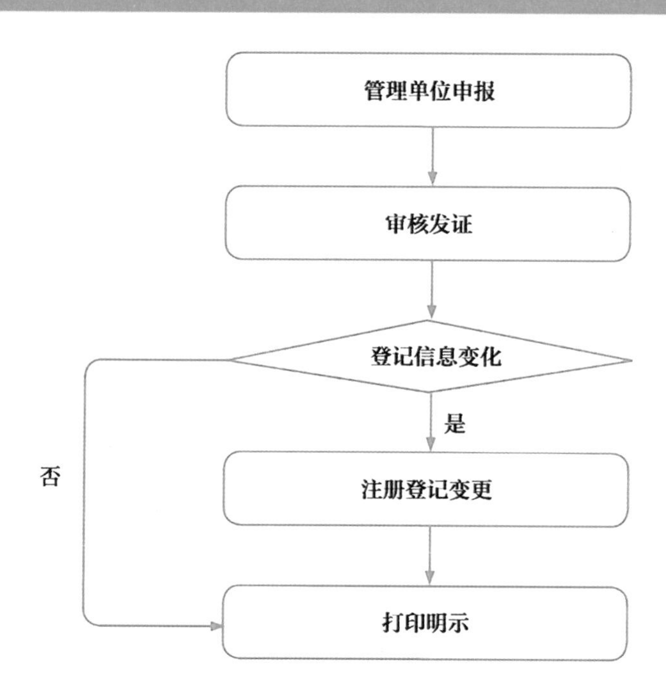

图 E.1　水闸注册登记流程图

E.2　水闸水政巡查流程图

水闸水政巡查流程图

制定水政巡查方案

确定巡查路线

检查巡查装备以及必要的器材，携带执法证件

按照巡查方案实施巡查

记录巡查情况，提交巡查结果

是否存在违法行为

是

执行水行政执法办案程序

否

整理汇总，巡查记录汇总表上报上级主管部门

资料整理归档

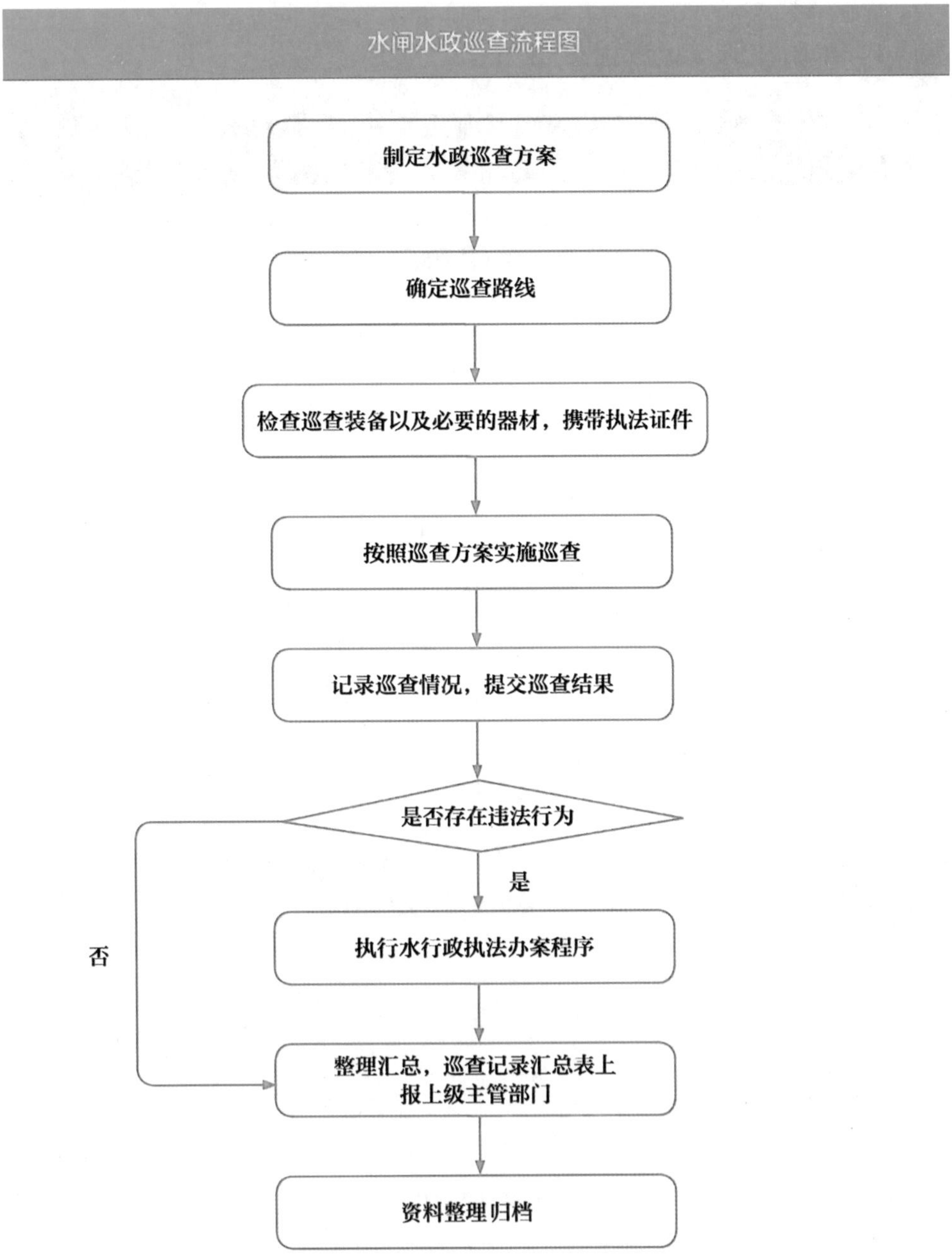

图 E.2　水闸水政巡查流程图

E.3　水闸安全鉴定流程图

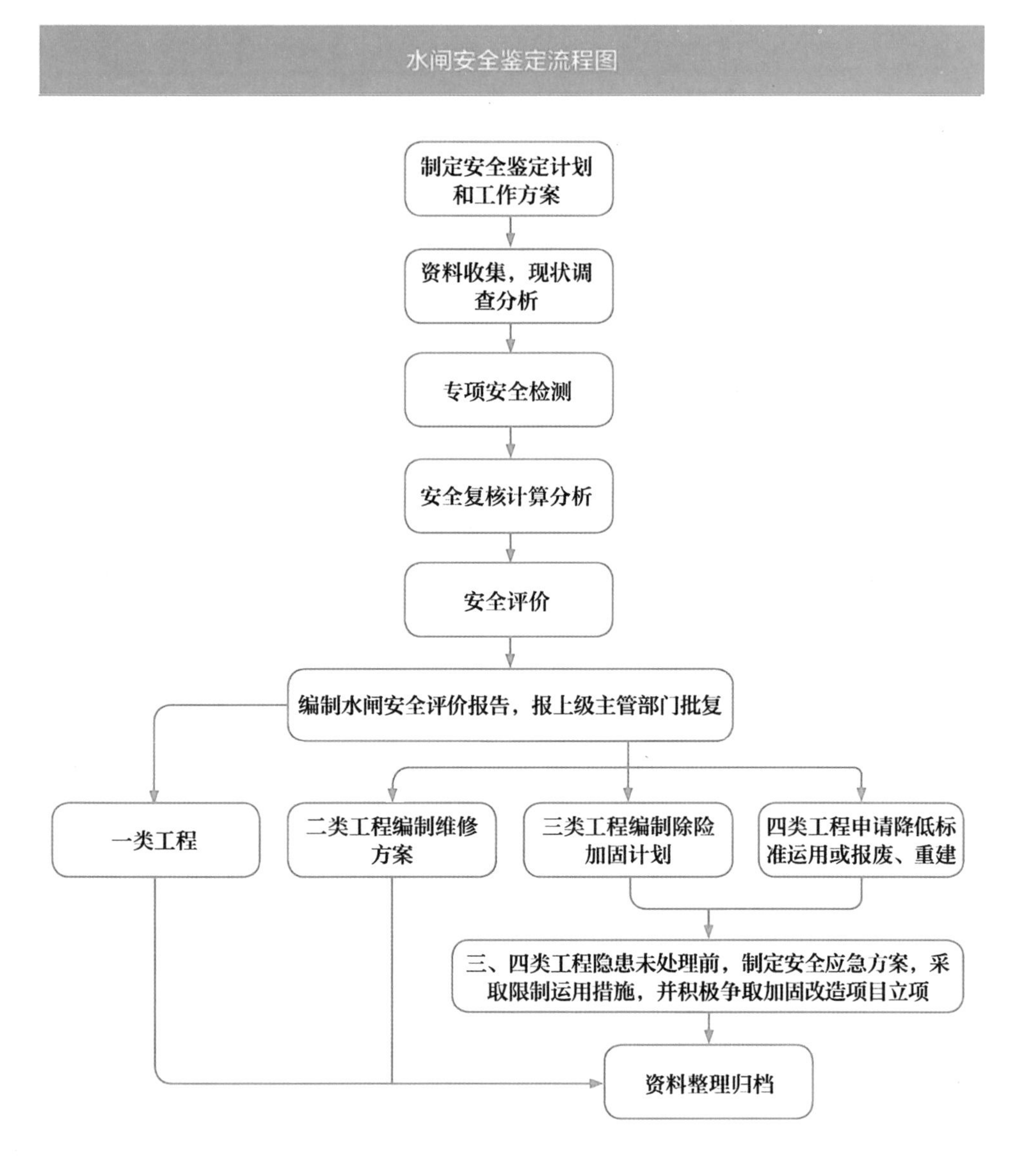

图 E.3　水闸安全鉴定流程图

E.4 水闸危险源辨识和风险评价流程图

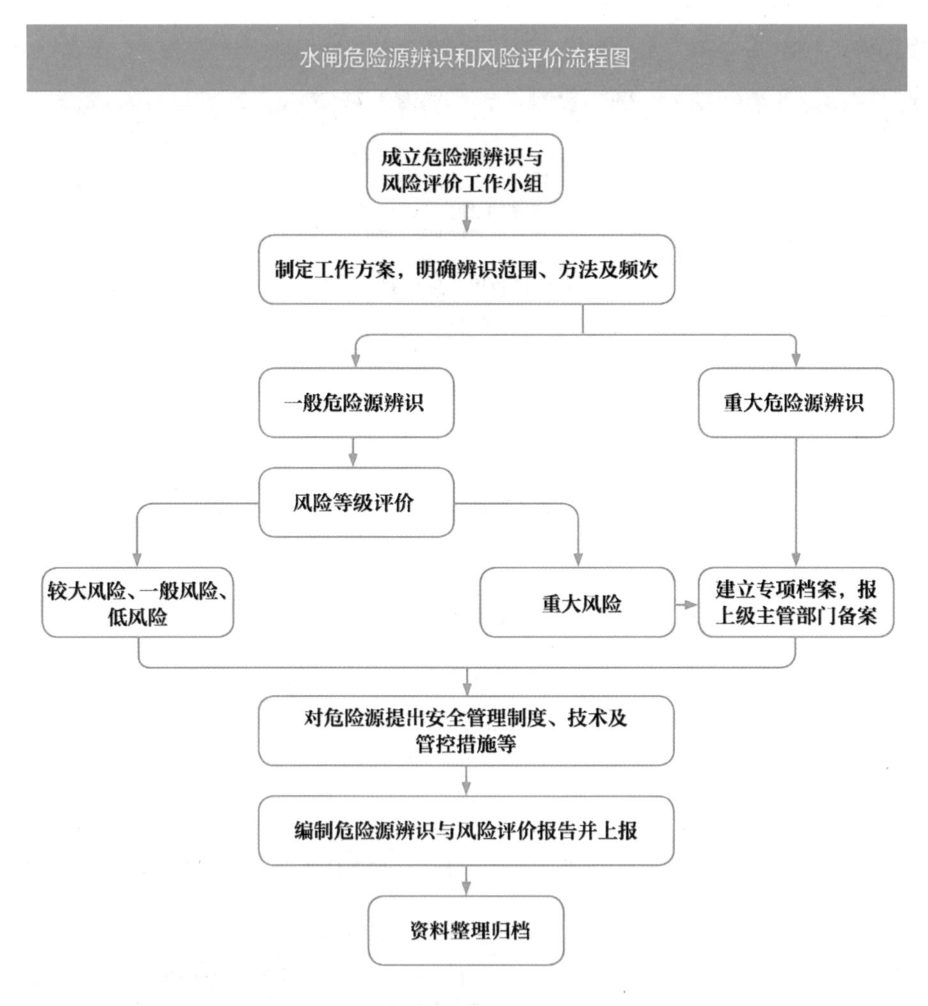

图 E.4 水闸危险源辨识和风险评价流程图

E.5 水闸汛前检查流程图

水闸汛前检查流程图

制定汛前检查工作计划，成立工作组

细化工作任务，落实工作责任

工程措施

工程检查

工程观测

工程维修养护及度汛应急工程

工程评级

非工程措施

应急措施

预案修订及演练

组建应急抢险队伍

防汛物资检查补充

规章制度

管理细则修订

制度修订完善

操作规程修订

软件资料

技术图表完善

标识标牌完善

台账资料整理

汛前准备工作自查，问题整改

编制汛前检查工作报告，上报上级主管部门

接受上级部门汛前专项检查

按照检查意见要求，整改提高，并及时反馈

资料装订归档

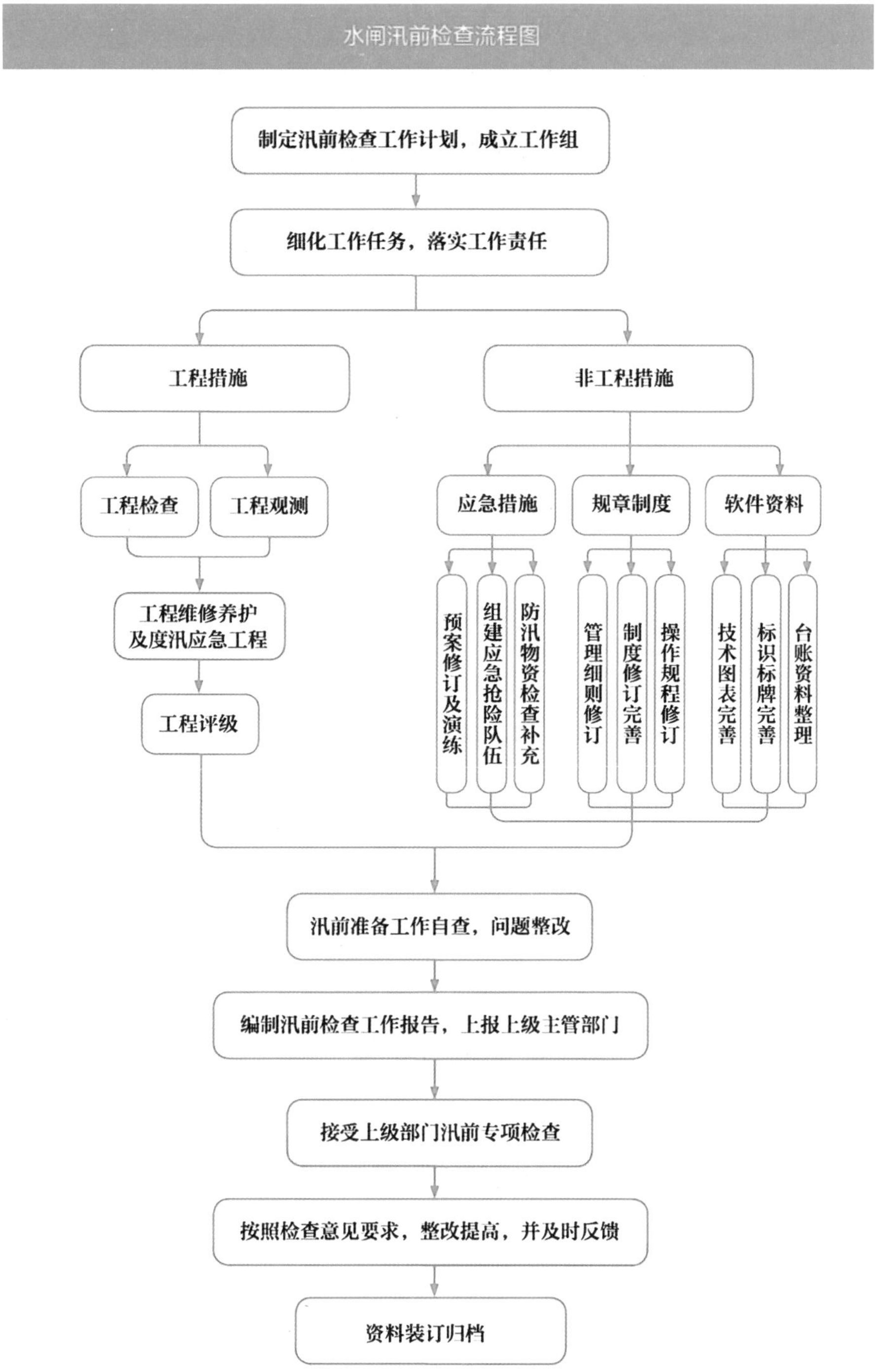

图 E.5 水闸汛前检查流程图

E.6 水闸专项检查流程图

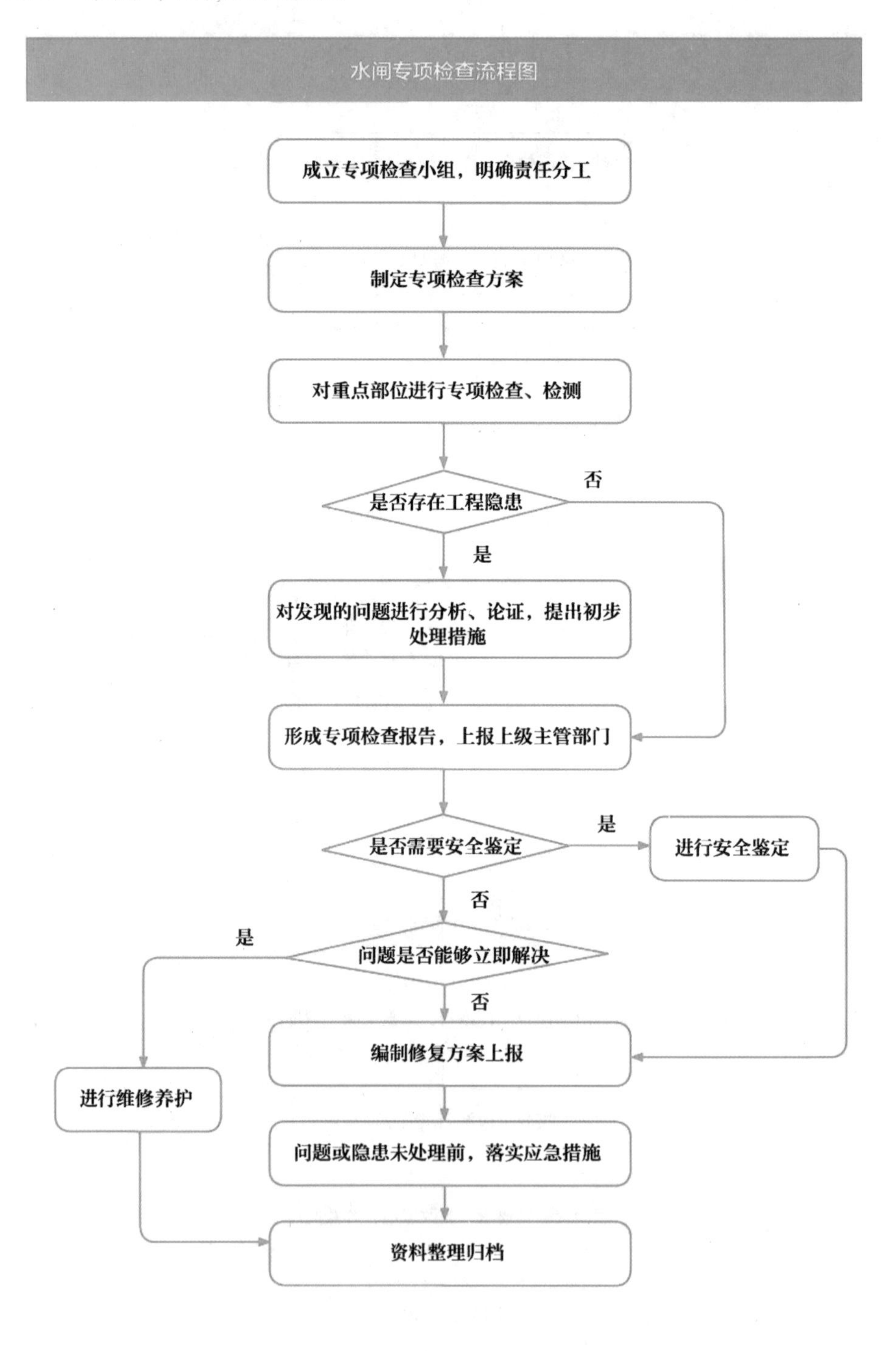

图 E.6 水闸专项检查流程图

E.7　水闸工程观测流程图

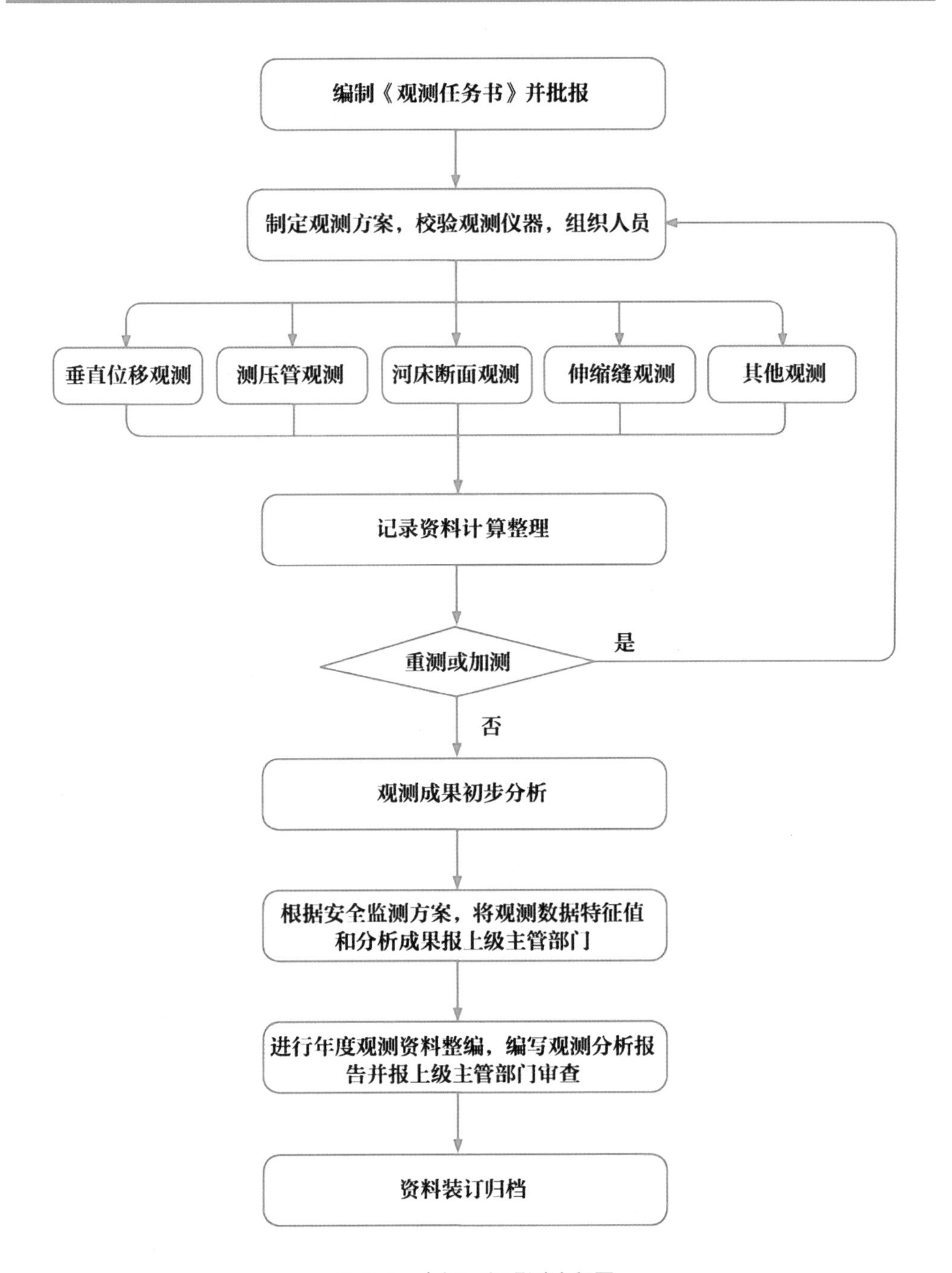

图 E.7　水闸工程观测流程图

E.8 水闸工程维修流程图

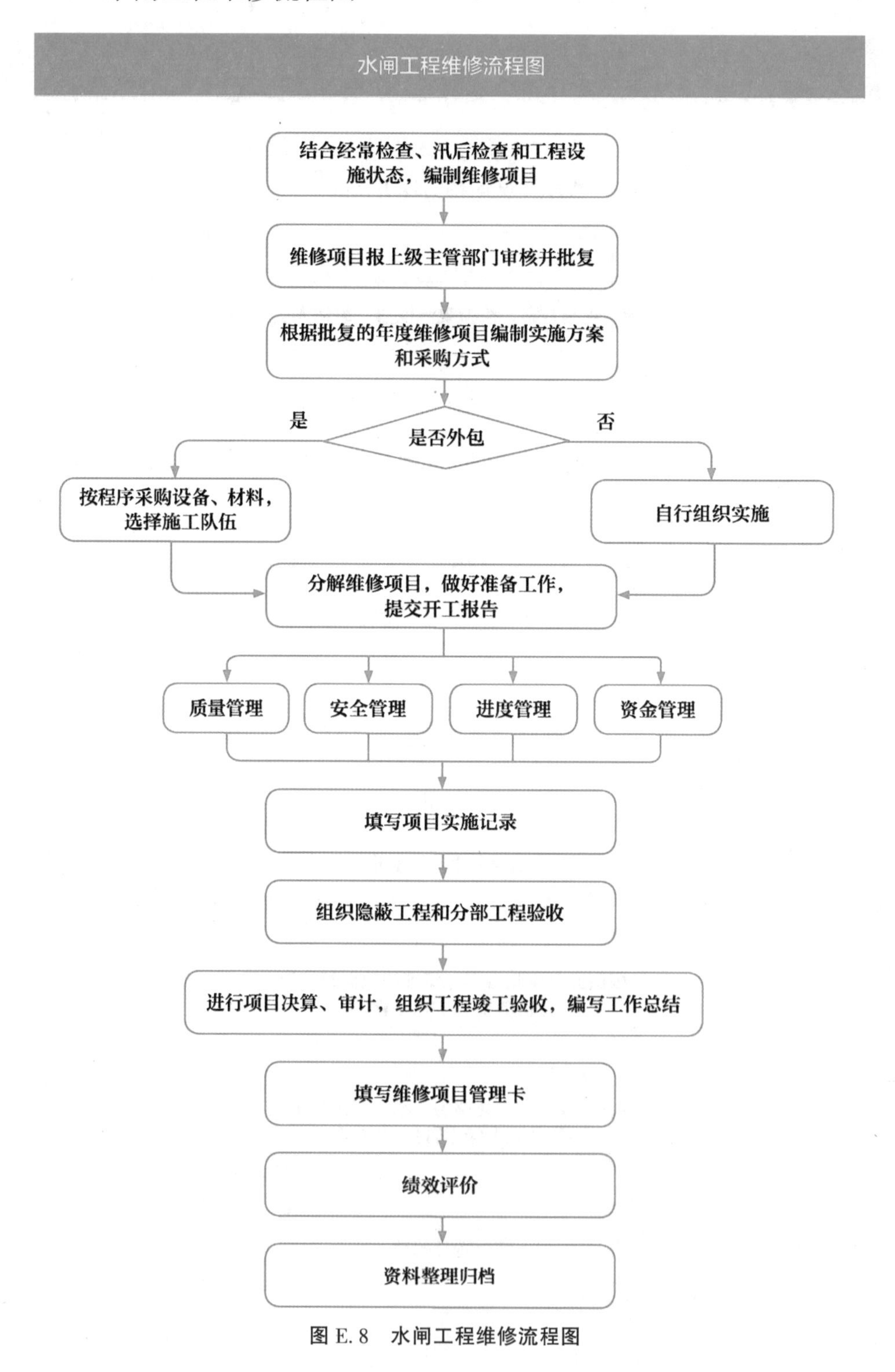

图 E.8 水闸工程维修流程图

E.9　水闸控制运用流程图

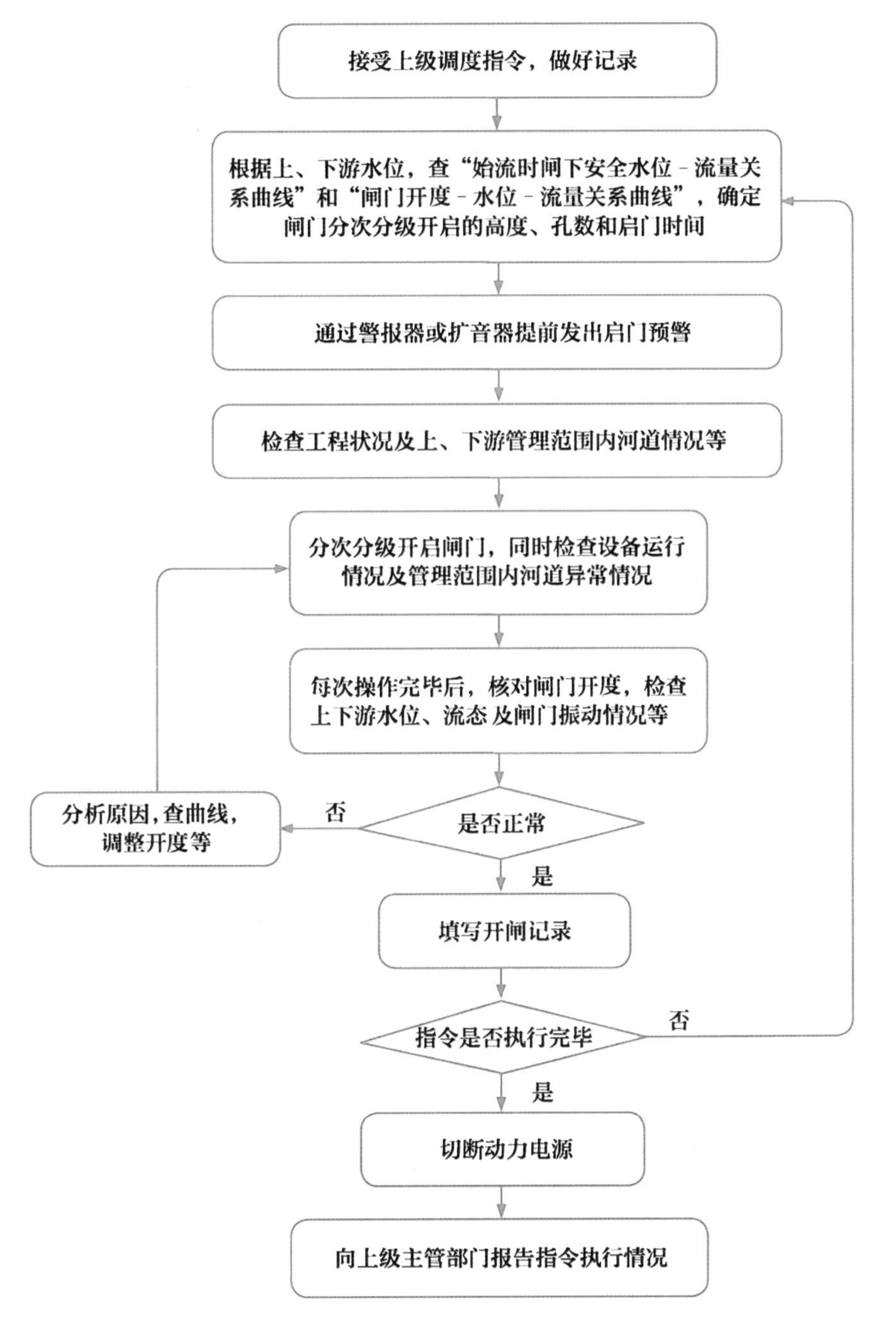

图 E.9　水闸控制运用流程图

E.10　水闸档案管理流程图

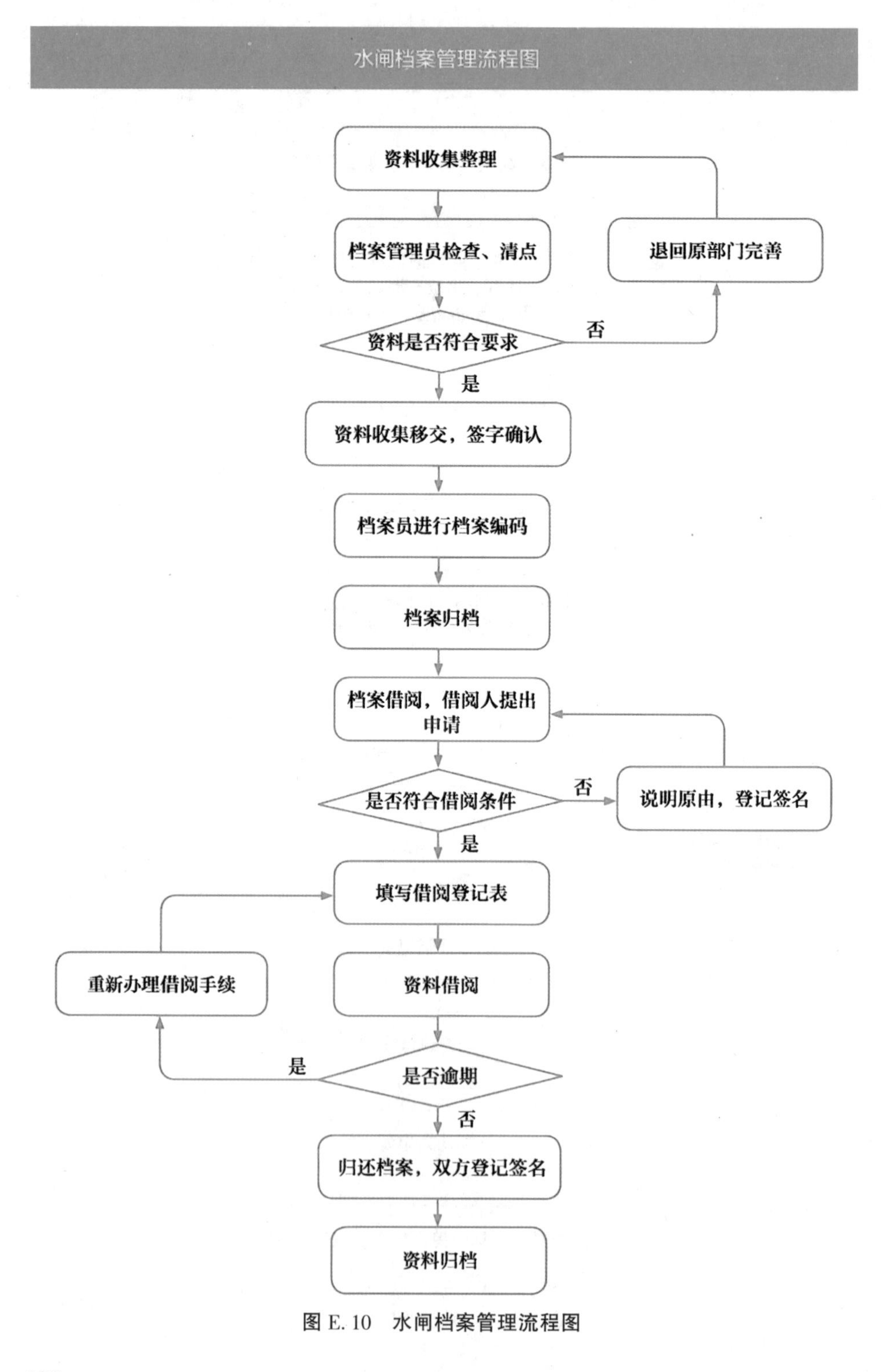

图 E.10　水闸档案管理流程图

附录 F　常用记录表示例

F.1　水闸注册登记表

表 F.1　水闸注册登记表

水闸名称：

水闸管理单位：

水闸编码：

注册登记号：

填表日期：　　　年　　月　　日

<table>
<tr><td>管理单位名称</td><td colspan="4"></td></tr>
<tr><td>法人代表</td><td></td><td colspan="2">管理单位权属</td><td></td></tr>
<tr><td>主管部门</td><td></td><td colspan="2">建成时间</td><td></td></tr>
<tr><td>所在地点</td><td></td><td colspan="2">所在河流</td><td></td></tr>
<tr><td>主要功能</td><td></td><td colspan="2">工程规模</td><td></td></tr>
<tr><td>设计标准</td><td></td><td colspan="2">设计过闸流量</td><td>m^3/s</td></tr>
<tr><td>校核标准</td><td></td><td colspan="2">校核过闸流量</td><td>m^3/s</td></tr>
<tr><td>水闸孔数</td><td></td><td colspan="2">闸孔净宽</td><td>m</td></tr>
<tr><td>闸门型式</td><td></td><td colspan="2">启闭机台数</td><td></td></tr>
<tr><td>启闭机型式</td><td></td><td colspan="2">设计地震烈度</td><td></td></tr>
<tr><td>最大过闸流量
及发生日期</td><td></td><td rowspan="3">水闸安全状况</td><td>鉴定与否</td><td></td></tr>
<tr><td>交通桥标准</td><td></td><td>安全类别</td><td></td></tr>
<tr><td>是否确权划界</td><td></td><td>鉴定日期</td><td></td></tr>
<tr><td colspan="5">管理单位负责人（签章）：　　　　管理单位（盖章）：
年　月　日　　　　年　月　日</td></tr>
<tr><td colspan="5">主管部门负责人（签章）：　　　　主管部门（盖章）：
年　月　日　　　　年　月　日</td></tr>
<tr><td colspan="5">注册登记机构审核意见：
负责人（签章）：　　　　单位（盖章）：
年　月　日　　　　年　月　日</td></tr>
</table>

F.2　保护管理相关表格

表 F.2-1　水政监察巡查记录

巡查时间			
巡查地段			
巡查人员			
巡查情况记录			
处理结果			
负责人		巡查人	

注：1. 本记录为水政巡查记录，将作为上级水行政部门检查工作的重要依据，请如实记录，妥善保管，不得任意损毁。
2. 如遇发现问题或案情，应填写处理结果。

表 F. 2-2 水行政执法巡查月报表

（ 年 月）

填报单位： 填报日期： 年 月 日

巡查人次	巡查次数	巡查重点	违章建筑/m^2	违章圈圩/（亩/处）	违章取土/起	违章占用/m^2	违章种植/亩	违章凿井/眼	网、簖	违章坝埂道	非法采砂船/只	备注
		水工程管理范围										
案件查处数/件	案件受理/件		案件类型/件						案件执行情况			备注
	现场处理	立案查处	水资源案	河道案	水工程案	水土保持案	非法采砂案	其他案	结案数	上月遗留数	当月查结数	

典型情况（具体事由及处理情况）：

审核人： 填报人： 联系电话：

表 F. 2-3　立案审批表

水立〔　　〕号

<table>
<tr><td colspan="2">案件来源</td><td colspan="6"></td></tr>
<tr><td colspan="2">案发地点</td><td colspan="3"></td><td colspan="2">案发时间</td><td></td></tr>
<tr><td rowspan="5">当事人情况</td><td rowspan="2">个人</td><td>姓名</td><td></td><td>性别</td><td></td><td>电话</td><td></td></tr>
<tr><td>住所地</td><td colspan="2"></td><td>邮编</td><td colspan="2"></td></tr>
<tr><td rowspan="3">单位</td><td>名称</td><td colspan="5"></td></tr>
<tr><td>法定代表人（负责人）</td><td></td><td>职务</td><td></td><td>电话</td><td></td></tr>
<tr><td>住所地</td><td colspan="3"></td><td>邮编</td><td></td></tr>
<tr><td colspan="2">案情简介及立案依据</td><td colspan="6">经办人：　　　　年　　月　　日</td></tr>
<tr><td colspan="2">执法机构负责人审核意见</td><td colspan="6">签名：　　　　年　　月　　日</td></tr>
<tr><td colspan="2">执法机关负责人审批意见</td><td colspan="6">（执法机关印章）
签名：　　　　年　　月　　日</td></tr>
<tr><td colspan="2">备注</td><td colspan="6"></td></tr>
</table>

表 F. 2-4 执法监督检查意见书

编号：

<table>
<tr><td>受检查单位</td><td></td><td>检查
负责人</td><td></td></tr>
<tr><td>检查时间</td><td></td><td>检查人员</td><td></td></tr>
<tr><td>检查内容</td><td colspan="3"></td></tr>
<tr><td>检查范围</td><td colspan="3"></td></tr>
<tr><td>检查人员
意见</td><td colspan="3"></td></tr>
<tr><td>检查
负责人</td><td></td><td>抄报防汛检查
领导小组负责人
及闸站负责人</td><td></td></tr>
</table>

表 F. 2-5　整改意见回执单

年　　月　　日

受检查单位		项目名称	
检查单位		检查时间	
整改内容			
措施要求			
检查人员			
检查单位负责人		受检查单位负责人	

F.3　安全生产相关记录表

表 F.3-1　安全生产活动记录

活动主题			
活动时间		活动地点	
参加人员			
主持人		记录人	
活动内容			
活动效果			

表 F.3-2　　年　　月　　事故隐患排查治理统计分析表

	序号	隐患名称	检查日期	发现隐患的人员	隐患评估	整改措施	计划完成日期	实际完成日期	整改负责人	复验人	未完成整改原因	采取的监控措施
本月查出隐患												
本月前发现隐患												
本月查出隐患　　项，其中本单位自查出　　项，隐患自查率　　%；本月应整改隐患　　项，实际整改合格　　项，隐患整改率　　%。												

单位领导（签字）：　　　　　　　　　　填表人（签字）：

表 F. 3-3 安全检查整改通知书

×××单位：

××检查组于××年××月××日××时检查发现你单位存在下列安全隐患，必须迅速采取有效措施处理，限你单位××年××月××日前整改完毕，并将整改情况及时回复×××。

检查性质	
存在问题	
整改意见	

被查单位负责人： 检查组长：

××年××月××日

表 F. 3-4　安全事故登记表

<table>
<tr><td>事故部位</td><td colspan="2"></td><td colspan="2">发生时间</td><td></td></tr>
<tr><td>气象情况</td><td colspan="2"></td><td colspan="2">记录人</td><td></td></tr>
<tr><td>伤害人姓名</td><td>伤害程度</td><td>工种及级别</td><td>性别</td><td>年龄</td><td>备注</td></tr>
<tr><td></td><td></td><td></td><td></td><td></td><td></td></tr>
<tr><td></td><td></td><td></td><td></td><td></td><td></td></tr>
<tr><td>事故经过
及原因</td><td colspan="5"></td></tr>
<tr><td>经济损失</td><td>直接</td><td></td><td colspan="2">间接</td><td></td></tr>
<tr><td>处理结果</td><td colspan="5"></td></tr>
<tr><td>预防事故重复
发生的措施</td><td colspan="5"></td></tr>
</table>

表 F.3-5 应急预案演练记录

<table>
<tr><td>演练内容</td><td colspan="3"></td></tr>
<tr><td>演练时间</td><td></td><td>演练地点</td><td></td></tr>
<tr><td>负责人</td><td></td><td>记录人</td><td></td></tr>
<tr><td>参加人员</td><td colspan="3"></td></tr>
<tr><td>演练方案</td><td colspan="3"></td></tr>
<tr><td>演练总结</td><td colspan="3"></td></tr>
</table>

F.4 水闸现场检查表

表 F.4 水闸现场检查表

日期： 闸前水位： 当日降雨量： 闸后水位： 天气：

组成部分	项目（部位）		检查情况	检查人员	备注
闸室段	闸室	闸底板			
		闸墩			
		边墩			
		永久缝			
	工作桥	工作桥			
	交通桥	交通桥			
	排架	排架			
上游连接段	铺盖	铺盖			
		排水、导渗系统			
	上游翼墙	翼墙			
		排水设施			
	上游护坡、护底	上游护坡			
		上游护底			
	堤闸连接段	堤闸连接段			
下游连接段	下游翼墙	翼墙			
		排水设施			
	消力池	消能工			
		排水、导渗系统			
	海漫及防冲槽	海漫			
		防冲槽			
	下游护坡、护底	下游护坡			
		下游护底			
	堤闸连接段	堤闸连接段			

续表 F.4

组成部分	项目（部位）		检查情况	检查人员	备注
闸门和启闭机	闸门	闸门环境			
		门体			
		吊耳			
		直支臂、支承铰			
		门槽			
		止水			
		行走支撑			
		开度指示器			
	启闭机	启闭机房			
		防护罩			
		机体表面			
		传动装置			
		零部件			
		制动装置			
		连接件			
		启闭方式			
机电及防雷设施	机电	供电系统			
		备用发电机组			
	防雷设施	防雷设施			
监控及监测系统	监控系统	计算机监控系统			
		视频监控系统			
	监测系统	监测仪器			
		监测设施及通信线路			
其他	管理环境	管理及保护范围			
		警示标志			
		界桩			

F.5 检修试验记录表

表 F.5 检修试验记录表

检修试验时间	检修试验项目	结果或数据	检修试验者	备注

F.6　水闸工程调度记录表

表 F.6　水闸工程调度记录表

工程名称					
时间	发令人	接受人	执行内容	执行情况	备注

F.7 水闸工程值班记录表

表 F.7 水闸工程值班记录表

<table>
<tr><td>工程名称</td><td></td><td>时间</td><td>年 月 日</td><td>天气</td><td></td></tr>
<tr><td colspan="6">值班情况记录：

值班人：</td></tr>
<tr><td colspan="6">交接班记录：
1. 工程运行情况：
2. 需交接的其他事项：

交班人： 接班人： 交接时间： 时 分</td></tr>
</table>

F.8 水闸工程闸门启闭记录表

表 F.8 水闸工程闸门启闭记录表

<table>
<tr><td colspan="2">工程名称</td><td></td><td>第 号</td><td></td><td>时间</td><td>年 月 日</td><td>天气</td><td></td></tr>
<tr><td colspan="3">闸门启闭依据</td><td colspan="6"></td></tr>
<tr><td rowspan="5">闸门启闭准备</td><td colspan="2">项目</td><td colspan="5">执行内容</td><td>执行情况</td></tr>
<tr><td colspan="2">确定开闸孔数和开度</td><td colspan="5">根据“始流时闸下安全水位-流量关系曲线”“闸门开度-水位-流量关系曲线”确定下列数值：
开闸孔数： 孔 闸门开度： m
相应流量： m^3/s</td><td></td></tr>
<tr><td colspan="2">开闸预警</td><td colspan="5">预警方式（拉警报、电话联系、现场喊话）、预警时间</td><td></td></tr>
<tr><td colspan="2">上下游有无漂浮物</td><td colspan="5">是否有、是何物、到闸口距离等如何处理、结果如何</td><td></td></tr>
<tr><td colspan="2">送配电</td><td colspan="5"></td><td></td></tr>
<tr><td rowspan="5">闸门启闭情况</td><td colspan="2">闸门启闭时间</td><td colspan="6">时 分起 时 分止</td></tr>
<tr><td colspan="2">闸孔编号</td><td colspan="6"></td></tr>
<tr><td colspan="2">启闭顺序</td><td colspan="6"></td></tr>
<tr><td rowspan="2">闸门开度/m</td><td>启闭前</td><td colspan="6"></td></tr>
<tr><td>启闭后</td><td colspan="6"></td></tr>
<tr><td rowspan="6">水位/m</td><td colspan="2">启闭前</td><td colspan="3">上游</td><td colspan="3">下游</td></tr>
<tr><td colspan="2"></td><td colspan="3"></td><td colspan="3"></td></tr>
<tr><td colspan="2">启闭后</td><td colspan="3">上游</td><td colspan="3">下游</td></tr>
<tr><td colspan="2"></td><td colspan="3"></td><td colspan="3"></td></tr>
<tr><td colspan="2"></td><td colspan="3"></td><td colspan="3"></td></tr>
<tr><td colspan="2"></td><td colspan="3"></td><td colspan="3"></td></tr>
<tr><td colspan="3">流态、闸门振动等情况</td><td colspan="6"></td></tr>
<tr><td colspan="9">启闭后相应流量： m^3/s</td></tr>
<tr><td colspan="3">发现问题及处理情况</td><td colspan="6"></td></tr>
<tr><td colspan="9">闸门启闭现场负责人： 操作/监护人：</td></tr>
</table>

F.9　水闸工程操作票

表 F.9　水闸工程操作票

工程名称：　　　　　　　　编号：　　　　　　　　年　　月　　日

操作任务		
操作记号（√）	顺序	操作项目
发令人：		
发令时间：　　年　　月　　日　　时　　分		
受令人：	操作人：	监护人：
操作开始时间：　　年　　月　　日　　时　　分		
操作完成时间：　　年　　月　　日　　时　　分		
备注		

F.10　柴油发电机运行记录表

表 F.10　柴油发电机运行记录表

<table>
<tr><td colspan="2">工程名称</td><td colspan="5"></td><td>时间</td><td colspan="2">年　月　日</td></tr>
<tr><td colspan="2">开机起止时间</td><td colspan="8">日　　时　　分起　　　日　　时　　分止</td></tr>
<tr><td colspan="2">用途</td><td colspan="8"></td></tr>
<tr><td colspan="2"></td><td>冷却温度</td><td>机油压力</td><td>交流电压</td><td>交流电流</td><td>直流电压</td><td>直流电流</td><td>功率因数</td><td>频率或转速</td></tr>
<tr><td rowspan="6">开机后</td><td>时　分</td><td></td><td></td><td></td><td></td><td></td><td></td><td></td><td></td></tr>
<tr><td>时　分</td><td></td><td></td><td></td><td></td><td></td><td></td><td></td><td></td></tr>
<tr><td>时　分</td><td></td><td></td><td></td><td></td><td></td><td></td><td></td><td></td></tr>
<tr><td>时　分</td><td></td><td></td><td></td><td></td><td></td><td></td><td></td><td></td></tr>
<tr><td>时　分</td><td></td><td></td><td></td><td></td><td></td><td></td><td></td><td></td></tr>
<tr><td>时　分</td><td></td><td></td><td></td><td></td><td></td><td></td><td></td><td></td></tr>
<tr><td colspan="2">本次运转时间</td><td colspan="3">时　　分</td><td colspan="3">累计运转时间</td><td colspan="2">时　　分</td></tr>
<tr><td colspan="2">柴油检查</td><td colspan="3"></td><td colspan="3">机油检查</td><td colspan="2"></td></tr>
<tr><td colspan="2">值班机工</td><td colspan="3"></td><td colspan="3">值班电工</td><td colspan="2"></td></tr>
<tr><td colspan="2">发现问题及处理意见</td><td colspan="8"></td></tr>
<tr><td colspan="6">记录：</td><td colspan="4">校核：</td></tr>
</table>

F.11　档案管理相关记录表格

表 F.11-1　档案库房温湿度记录表

库房号	时间（年-月-日）	温度/℃	湿度/%RH	记录人	备注

表 F. 11-2 档案定期检查记录表

<table>
<tr><td rowspan="4">一季度</td><td>库房安全环境检查</td><td></td><td>检查人</td></tr>
<tr><td>案卷保管情况</td><td></td><td rowspan="3"></td></tr>
<tr><td>温湿度调控措施</td><td></td></tr>
<tr><td>其他</td><td></td></tr>
<tr><td rowspan="4">二季度</td><td>库房安全环境检查</td><td></td><td>检查人</td></tr>
<tr><td>案卷保管情况</td><td></td><td rowspan="3"></td></tr>
<tr><td>温湿度调控措施</td><td></td></tr>
<tr><td>其他</td><td></td></tr>
<tr><td rowspan="4">三季度</td><td>库房安全环境检查</td><td></td><td>检查人</td></tr>
<tr><td>案卷保管情况</td><td></td><td rowspan="3"></td></tr>
<tr><td>温湿度调控措施</td><td></td></tr>
<tr><td>其他</td><td></td></tr>
<tr><td rowspan="4">四季度</td><td>库房安全环境检查</td><td></td><td>检查人</td></tr>
<tr><td>案卷保管情况</td><td></td><td rowspan="3"></td></tr>
<tr><td>温湿度调控措施</td><td></td></tr>
<tr><td>其他</td><td></td></tr>
</table>

表 F.11-3　借阅档案登记表

序号	日期	单位	案卷或文件题名	利用日期	期限	卷号	借阅人签字	归还日期	备注

表 F. 11-4 档案利用效果登记表

日期		单位		姓名		案卷或文件题名	
利用目的							
利用效果							

附录G　常用标识标牌示例

G.1　常用警告标志

表G.1　常用警告标志

序号	示例	名称	设置范围和地点	备注
1		注意安全	易造成人员伤害的场所及设备等处	参见GB 2894—2008表2的2-1
2		当心火灾	易发生火灾的危险场所，如易燃易爆品使用、电气设备间、仓库、食堂等处	参见GB 2894—2008表2的2-2
3		当心爆炸	易发生爆炸危险的场所，如易燃易爆品使用、电气设备间、食堂或压力容器等处	参见GB 2894—2008表2的2-3
4		当心触电	可能发生触电危险的电气设备和线路，如配电室、开关等处	参见GB 2894—2008表2的2-7

续表 G.1

序号	示例	名称	设置范围和地点	备注
5	当心机械伤人	当心 机械伤人	易发生机械卷入、轧压、碾压、剪切等机械伤害的作业地点，如卷扬式启闭机旋转部件等	参见 GB 2894—2008 表 2 的 2-10
6	当心坑洞	当心坑洞	具有坑洞易造成伤害的地点，如启闭机、集水井等处	参见 GB 2894—2008 表 2 的 2-13
7	当心落物	当心落物	易发生落物危险的地点，如高处作业、立体交叉作业的下方等	参见 GB 2894—2008 表 2 的 2-14
8	当心吊物	当心吊物	有吊装设备作业的场所，如行车、电动葫芦起吊等	参见 GB 2894—2008 表 2 的 2-15
9	当心碰头	当心碰头	有产生碰头的场所，如高度低于 2 m 的门洞或楼梯顶部等处	参见 GB 2894—2008 表 2 的 2-16

续表 G.1

序号	示例	名称	设置范围和地点	备注
10	当心挤压	当心挤压	有产生挤压的装置、设备或场所，如自动门、电梯门等处	参见 GB 2894—2008 表 2 的 2-17
11	当心弧光	当心弧光	由于弧光造成眼部伤害的各种焊接作业场所	参见 GB 2894—2008 表 2 的 2-23
12	当心高温表面	当心高温表面	有灼烫物体表面的场所，如柴油发电机等	参见 GB 2894—2008 表 2 的 2-24
13	当心磁场	当心磁场	有磁场的区域或场所，如高低压开关室等处	参见 GB 2894—2008 表 2 的 2-26
14	当心坠落	当心坠落	易发生坠落事故的地点，如行车爬梯入口处、高处平台、高处作业场所处	参见 GB 2894—2008 表 2 的 2-34

续表 G. 1

序号	示例	名称	设置范围和地点	备注
15	当心跌落	当心跌落	易于跌落的地点，如楼梯、台阶等	参见 GB 2894—2008 表 2 的 2-36
16	当心滑倒	当心滑倒	地面易造成伤害的滑跌地点，如地面有油、冰、水等物质及滑坡处	参见 GB 2894—2008 表 2 的 2-37
17	当心落水	当心落水	落水后可能产生淹溺的场所或部位，如上下游河道、翼墙、消防水池等	参见 GB 2894—2008 表 2 的 2-38
18	噪声有害	噪声有害	产生噪声的作业场所，如柴油发电机房等处	参见 GBZ 158—2003 附录 B 中表 B. 2 的 12

G.2 常用禁止标志

表 G.2 常用禁止标志

序号	示例	名称	设置范围和地点	备注
1	 禁止吸烟	禁止吸烟	规定禁止吸烟的场所	参见 GB 2894—2008 表 1 的 1-1
2	 禁止烟火	禁止烟火	开关室、油压装置、柴油发电机房、仓库等处	参见 GB 2894—2008 表 1 的 1-2
3	 禁止入内	禁止入内	易造成事故或对人员有伤害的场所，如启闭机房、开关室 、柴油发电机房、仓库等处	参见 GB 2894—2008 表 1 的 1-13
4	 禁止跨越	禁止跨越	禁止跨越的危险地段，如水闸启闭机转轴旁，水闸内的沟、坎、坑等	参见 GB 2894—2008 表 1 的 1-17
5	 禁止攀登	禁止攀登	不允许攀爬的危险地点	参见 GB 2894—2008 表 1 的 1-18

续表 G.2

序号	示例	名称	设置范围和地点	备注
6	 禁止触摸	禁止触摸	禁止触摸的设备或物件附近	参见 GB 2894—2008 表 1 的 1-24
7	 禁止游泳	禁止游泳	水闸上下游的左右岸护坡、跨河公路桥、拦河浮桶等处	参见 GB 2894—2008 表 1 的 1-35
8	 禁止捕鱼	禁止捕鱼	上下游河道、堤防、岸墙、翼墙等处	
9	 禁止垂钓	禁止垂钓	上下游河道、堤防、岸墙、翼墙等处	

G.3 常用指令标志

表 G.3 常用指令标志

序号	示例	名称	设置范围和地点	备注
1	必须戴护耳器	必须戴护耳器	噪声超过 85 dB 的作业场所	参见 GB 2894—2008 表 3 的 3-5
2	必须戴安全帽	必须戴安全帽	头部易受外力伤害的作业场所，如检修现场等处	参见 GB 2894—2008 表 3 的 3-6
3	必须系安全带	必须系安全带	易发生坠落危险的作业场所，如高处检修、安装等作业场所	参见 GB 2894—2008 表 3 的 3-8
4	必须戴防护手套	必须戴防护手套	易伤害手部的作业场所，如具有腐蚀、污染、灼烫、冰冻及触电危险的作业等处	参见 GB 2894—2008 表 3 的 3-11
5	必须穿防护鞋	必须穿防护鞋	易伤害脚部的作业场所，如具有触电、砸（刺）伤等危险的作业地点	参见 GB 2894—2008 表 3 的 3-12

续表 G.3

序号	示例	名称	设置范围和地点	备注
6	必须接地	必须接地	防雷、防静电场所	参见 GB 2894—2008 表 3 的 3-15
7	注意通风	注意通风	易造成人员窒息或有害物质聚集的场所	

G.4　常用提示标志

表 G.4　常用提示标志

序号	示例	名称	设置范围和地点	备注
1	在此工作	在此工作	室外和室内工作地点或施工设备上	参见 GB 26860—2011 附录 F
2	从此上下	从此上下	工作人员可以上下的铁架、爬梯上	参见 GB 26860—2011 附录 F
3	从此进出	从此进出	室外工作地点围栏的出入口处	参见 GB 26860—2011 附录 F

G.5 常用消防类标志

表 G.5 常用消防类标志

序号	示例	名称	设置范围和地点	备注
1		消防按钮	标示火灾报警按钮和消防设备启动按钮的位置	参见 GB 13495.1—2015 表 2 的 3-01
2		手提式灭火器	标示手提式灭火器的位置	参见 GB 13495.1—2015 表 4 的 3-12
3		推车式灭火器	标示推车式灭火器的位置	参见 GB 13495.1—2015 表 4 的 3-13
4		安全出口	提示通往安全场所的疏散出口	参见 GB 13495.1—2015 表 C.1

G.6　常用交通标志

表 G.6　常用交通标志

序号	示例	名称	设置范围和地点	备注
1		限制宽度	设在最大容许宽度受限制的地方，如公路桥两端	参见 GB 5768.2—2022 图 59
2		限制高度	设在最大容许高度受限制的地方，如公路桥两端	参见 GB 5768.2—2022 图 60
3		限制质量	设在需要限制车辆质量的桥梁两端	参见 GB 5768.2—2022 图 62
4		限制轴重	设在需要限制车辆轴重的桥梁两端	参见 GB 5768.2—2022 图 63

续表 G.6

序号	示例	名称	设置范围和地点	备注
5		限制速度	设在需要限制车辆速度路段的起点	参见 GB 5768.2—2022 图 64
6		解除限制速度	设在限制车辆速度路段的终点	参见 GB 5768.2—2022 图 66
7		禁止车辆停车	设在禁止车辆停、放的地方	参见 GB 5768.2—2022 图 54
8		禁止驶入	禁止船舶驶入，设置在禁止驶入航道的入口处或单向通行航道的出口处	参见 GB 13851—2022 图 18
9		禁止停泊	禁止船舶锚泊或系泊，顺航道设置在禁止停泊区域的起点或中间	参见 GB 13851—2022 图 27

G.7 安全标志牌的尺寸

表 G.7 安全标志牌的尺寸

单位：m

型号	观察距离 L	圆形标志的外径	三角形标志的外边长	正方形标志的边长
1	$0<L\leq2.5$	0.070	0.088	0.063
2	$2.5<L\leq4.0$	0.110	0.142	0.100
3	$4.0<L\leq6.3$	0.175	0.220	0.160
4	$6.3<L\leq10.0$	0.280	0.350	0.250
5	$10.0<L\leq16.0$	0.450	0.560	0.400
6	$16.0<L\leq25.0$	0.700	0.880	0.630
7	$25.0<L\leq40.0$	1.110	1.400	1.000

注：允许有3%的误差。

G.8 工程标识标牌检查维护记录表

表 G.8 工程标识标牌检查维护记录表

<table>
<tr><td colspan="3">标识区域：</td><td colspan="3">检查日期：</td></tr>
<tr><td>序号</td><td>标牌标语名称</td><td>标识尺寸</td><td>标识图样</td><td>数量</td><td>检查情况</td></tr>
<tr><td>1</td><td></td><td></td><td></td><td></td><td></td></tr>
<tr><td>2</td><td></td><td></td><td></td><td></td><td></td></tr>
<tr><td>3</td><td></td><td></td><td></td><td></td><td></td></tr>
<tr><td>4</td><td></td><td></td><td></td><td></td><td></td></tr>
<tr><td>5</td><td></td><td></td><td></td><td></td><td></td></tr>
<tr><td>6</td><td></td><td></td><td></td><td></td><td></td></tr>
<tr><td>7</td><td></td><td></td><td></td><td></td><td></td></tr>
<tr><td>8</td><td></td><td></td><td></td><td></td><td></td></tr>
<tr><td colspan="6">维修更新记录：</td></tr>
<tr><td colspan="3">检查人：</td><td colspan="3">审核人：</td></tr>
</table>

附录 H　预案提纲编写示例

H.1　防汛抢险应急预案

1　总则

　1.1　编制目的

　1.2　编制依据

　1.3　适用范围

　1.4　工作原则

2　风险分析

　2.1　工程概况

　2.2　水文气象特征

　2.3　历史防汛抗旱特性分析

　2.4　影响工程安全运行问题分析

3　组织体系

　3.1　组织机构

　3.2　主要职责

4　监测预报、预警与预防

5　应急响应

　5.1　总体要求

　5.2　工作内容

　5.3　应急响应级别及响应行动

　5.4　响应措施

　5.5　信息报告和发布

　5.6　响应变更和结束

6　保障措施

　6.1　组织保障

　6.2　资金保障

　6.3　物资保障

　6.4　队伍保障

　6.5　技术保障

　6.6　信息保障

　6.7　交通保障

　6.8　供电保障

　6.9　治安保障等

7　善后工作

　7.1　灾后重建

7.2 水毁修复

7.3 物资补充、补偿

7.4 总结评估

8 预案管理

H. 2 安全生产应急预案

1 总则
  1. 1 编制目的
  1. 2 编制依据
  1. 3 适用范围
  1. 4 工作原则
2 风险分析和隐患排查治理
  2. 1 风险分级管控
  2. 2 预警
  2. 3 隐患排查治理
3 应急指挥机构及职责
  3. 1 应急组织体系
  3. 2 应急组织机构职责
4 信息报告和先期处置研判
5 应急响应
  5. 1 应急响应分级
  5. 2 响应程序
6 信息公开与舆情应对
  6. 1 信息发布
  6. 2 舆情应对
7 后期处置
  7. 1 应急恢复
  7. 2 善后处置
  7. 3 应急处置总结
8 保障措施
  8. 1 信息与通信保障
  8. 2 应急队伍保障
  8. 3 应急经费保障
  8. 4 物资与装备保障
9 培训与演练
  9. 1 预案培训
  9. 2 预案演练
10 奖惩
11 术语和定义

H.3 运行事故应急预案

1 总则

1.1 编制目的

1.2 编制依据

1.3 适用范围

1.4 工作原则

2 工程概况及事故风险分析

3 应急组织与职责

3.1 人员组成

3.2 工作职责

3.3 人员分工

4 应急处置程序

4.1 工程设施及人身事故先期处置程序

4.2 现场应急处置程序

5 主要事故或故障处理措施

5.1 各种主要事故或故障处理措施

5.2 事件报告基本要求和内容

6 注意事项

附录Ⅰ 评价申报材料示例

Ⅰ.1 水利工程标准化管理水利部评价自评报告

水利工程标准化管理水利部评价
自评报告

水利工程名称：________________

水管单位名称：________________

年 月 日

《水利工程标准化管理水利部评价自评报告》编制提纲

前言

一、基本情况

（一）工程概况

主要叙述工程建设规模、等级，工程主要建设内容及主要特征指标，工程基本建设程序，开工时间、竣工（完工）时间及办公、文化文娱、防汛交通、信息化建设等主要管理设施情况。

（二）管理单位基本情况

管理体制、组织机构、管理职责、管理任务、管理人员及财务收支等情况。

二、评价工作情况

简述水管单位开展水利工程标准化管理工作总体情况，对符合申报水利部评价的水利工程进行详细叙述。

三、水利工程标准化管理自评情况

依据《水利工程标准化管理评价办法》及其评价标准，按水利工程类型所对应的《标准化管理评价标准》中的“项目”，对下述5个方面逐项对应自评得分情况的说明。

（一）工程状况

（二）安全管理

（三）运行管护

（四）管理保障

（五）信息化建设

四、存在问题及整改措施

经过自评，在水利工程标准化管理方面存在的问题及其整改措施。

五、结论

上述情况的简要总结，并提出自评结果。

附件：

1. 《标准化管理评价标准》自评赋分表
2. 水利工程平面布置图
3. 工程设施、管理设施平面位置示意图
4. 管理范围和保护范围示意图

I. 2　水利工程标准化管理水利部评价申报书

水利工程标准化管理水利部评价申报书

工程名称＿＿＿＿＿＿＿＿＿＿＿＿

工程类别＿＿＿＿＿＿＿＿＿＿＿＿

水管单位＿＿＿＿＿＿＿＿＿＿＿＿

填表日期＿＿＿＿＿＿＿＿＿＿＿＿

填写说明

一、自评

1. 此部分由水管单位填写。

2. 工程名称应填写申报评价的所有工程，且名称完整规范。

3. 工程类型：指水库、水闸、堤防工程等。

4. 工程概述：工程规模、等级以及主要建筑物构成等情况；工程特征指标与工程效益；开工和完工、竣工验收以及除险加固时间；管理保障、信息化建设等主要管理设施情况。

同一水管单位同时申报多处工程，叙述工程状况时，需要说明每处工程情况，安全管理、运行管护、管理保障、信息化建设同一工程类别可根据实际情况合并说明。

5. 水管单位基本情况：管理体制、组织机构、管理职责、管理任务、管理人员及财务收支等情况。

6. 自评情况：按照评价标准，简述各项评价内容的执行情况，说明扣分原因、整改情况、合理缺项等，确定自评结果。

二、初评

1. 此部分由省级水行政主管部门或流域管理机构填写。

2. 专家组初评意见：包括现场检查，查阅核实有关资料，复核自评结果，分析水管单位管理状况，确定初评结果。

3. 初评单位意见：由初评组织单位填写。

表 I. 2-1　自评表

<table>
<tr><td>工程名称</td><td colspan="5"></td></tr>
<tr><td>评价单位</td><td colspan="3"></td><td>上级主管部门</td><td></td></tr>
<tr><td>通信地址</td><td colspan="5"></td></tr>
<tr><td>单位负责人</td><td></td><td>职务</td><td></td><td>电话</td><td></td></tr>
<tr><td>联系人</td><td colspan="3"></td><td>电话</td><td></td></tr>
<tr><td>工程类型</td><td colspan="3"></td><td>工程规模</td><td></td></tr>
<tr><td colspan="6">工程概况：</td></tr>
</table>

续表 I. 2-1

水管单位基本情况：
奖、惩情况及其他重大事项情况：

续表 I. 2-1

评价内容	自评得分	标准分	自评分占标准分百分数/%
一、工程状况			
二、安全管理			
三、运行管护			
四、管理保障			
五、信息化建设			
自评总分			

自评情况：

负责人（签字）　　　　单位（盖章）

年　　月　　日

表 I. 2-2　初评表

<table>
<tr><td>工程名称</td><td colspan="3"></td></tr>
<tr><td>水管单位</td><td colspan="3"></td></tr>
<tr><td>评价内容</td><td>初评得分</td><td>标准分</td><td>初评分占标准分百分数/%</td></tr>
<tr><td>一、工程状况</td><td></td><td></td><td></td></tr>
<tr><td>二、安全管理</td><td></td><td></td><td></td></tr>
<tr><td>三、运行管护</td><td></td><td></td><td></td></tr>
<tr><td>四、管理保障</td><td></td><td></td><td></td></tr>
<tr><td>五、信息化建设</td><td></td><td></td><td></td></tr>
<tr><td>初评总分</td><td></td><td>初评结果</td><td>（满足水利部评价标准）</td></tr>
<tr><td colspan="4">初评专家组意见：</td></tr>
</table>

续表 I. 2-2

<table>
<tr><td>

专家组组长（签字）

年　　月　　日</td></tr>
<tr><td>初评单位意见：

负责人（签字）　　　　　　　　单位（盖章）

年　　月　　日</td></tr>
</table>

I.3　水利工程标准化管理水利部评价报告

水利工程标准化管理
水利部评价报告

工程名称________________

工程类别________________

评价单位________________

填表日期________________

水利工程			
水管单位			
工程类型		工程规模	
评价内容	评价分	标准分	评价分占标准分 百分数/%
一、工程状况			
二、安全管理			
三、运行管护			
四、管理保障			
五、信息化建设			
评价总分		1 000 分	

评价意见：

根据水利部《水利部运行管理司关于委托对×××进行水利工程标准化管理评价的函》（文件名称和函号）要求，××年××月××日至××日，×××（评价组织单位）组成评价专家组（名单附后）对×××（水利工程名称）进行了标准化管理评价。专家组现场查看了×××（工程检查内容描述）等，听取了×××（水管单位名称）自检、×××（省级水行政主管部门或流域管理机构）初评的情况汇报，查阅了有关资料并质询，经专家讨论，形成评价意见如下：

工程概述：主要叙述工程规模、等级以及主要建筑物构成等情况；工程特征指标与工程效益；开工和完工、竣工验收以及除险加固时间；管理保障、信息化建设等主要管理设施情况。

一、工程状况

根据水利工程类型，按照相应评价标准，叙述评价内容和结果。

二、安全管理

根据水利工程类型，按照相应评价标准，叙述评价内容和结果。

三、运行管护

根据水利工程类型，按照相应评价标准，叙述评价内容和结果。

四、管理保障

根据水利工程类型，按照相应评价标准，叙述评价内容和结果。

五、信息化建设

根据水利工程类型，按照相应评价标准，叙述评价内容和结果。

续

<table>
<tr><td>

按照水利部《水利工程标准化管理评价办法》及其评价标准的规定，评价专家组对标准化管理评价内容进行了逐项赋分，评价最终得分×××分，且工程状况、安全管理、运行管护、管理保障类别评价得分不低于该类别总分的85%。评价专家组认为，×××（水利工程名称）已达到水利部标准化管理工程评价标准。

建议：

评价过程中对水利工程及其管理单位提出的整改意见建议，意见建议内容应细化准确并具可操作性，分条列明。

专家组组长（签字）：

年　月　日

</td></tr>
</table>

参考文献

[1] 胡孟. 水利标准化理论与实践 [M]. 北京：中国水利水电出版社，2018.
[2] 余文公，于桓飞. 水闸标准化管理 [M]. 北京：中国水利水电出版社，2018.
[3] 陆一忠，等. 水闸精细化管理 [M]. 南京：河海大学出版社，2020.